Wenli Sun
Mohamad Hesam Shahrajabian

Medicina tradicional asiática e componentes naturais

Wenli Sun
Mohamad Hesam Shahrajabian

Medicina tradicional asiática e componentes naturais

ScienciaScripts

Imprint

Any brand names and product names mentioned in this book are subject to trademark, brand or patent protection and are trademarks or registered trademarks of their respective holders. The use of brand names, product names, common names, trade names, product descriptions etc. even without a particular marking in this work is in no way to be construed to mean that such names may be regarded as unrestricted in respect of trademark and brand protection legislation and could thus be used by anyone.

Cover image: www.ingimage.com

This book is a translation from the original published under ISBN 978-620-7-84237-7.

Publisher:
Sciencia Scripts
is a trademark of
Dodo Books Indian Ocean Ltd. and OmniScriptum S.R.L publishing group

120 High Road, East Finchley, London, N2 9ED, United Kingdom
Str. Armeneasca 28/1, office 1, Chisinau MD-2012, Republic of Moldova, Europe
Printed at: see last page
ISBN: 978-620-7-98025-3

SOBRE OS AUTORES

Wenli Sun

Laboratório Nacional de
Microbiologia Agrícola,
Instituto de Investigação em
Biotecnologia, Academia
Chinesa de Ciências
Agrícolas, Pequim 100086,
China

É professora associada e chefe de equipa e trabalha em temas relacionados com a medicina tradicional chinesa, a influência alelopática e a agricultura sustentável. Trabalha também em temas relacionados com a biotecnologia e a ciência molecular. A sua investigação atual incide sobre a história do coronavírus humano e a influência da medicina tradicional chinesa na prevenção e no tratamento do coronavírus humano. O seu perfil completo está disponível em http://orcide.org/0000-0002-1705-2996.

Correio eletrónico correspondente: sunwenli@caas.cn

Mohamad Hesam Shahrajabian

Laboratório Nacional de
Microbiologia Agrícola,
Instituto de Investigação em
Biotecnologia, Academia
Chinesa de Ciências
Agrícolas, Pequim 100086,
China

É investigador sénior de Agronomia e Biotecnologia. Interessa-se por culturas e ervas relacionadas com a medicina tradicional, especialmente as culturas da medicina tradicional chinesa e iraniana relacionadas com a agricultura biológica e a agricultura sustentável. A sua investigação atual é a influência das ervas medicinais e dos frutos nos coronavírus humanos. O seu perfil completo está disponível em http://orcide.org/0000-0002-8638- 1312. **Correspondente**

Correio eletrónico: hesamshahrajabian@gmail.com

Medicina tradicional asiática e componentes naturais

WENLI SUN

E

MOHAMAD HESAM SHAHRAJABIAN

Medicina tradicional asiática e componentes naturais

Wenli Sun[#*], e Mohamad Hesam Shahrajabian[#]

Laboratório Nacional de Microbiologia Agrícola, Instituto de Investigação em Biotecnologia, Academia Chinesa de Ciências Agrícolas, Pequim 100086, China

*Correspondência: sunwenli@caas.cn

#Os autores contribuíram igualmente para esta investigação

Introdução

Os produtos naturais têm uma vasta gama de diversidade de estruturas químicas multidimensionais que desempenham um papel vital que mostra a importância da natureza como fonte de ouro para a descoberta de medicamentos à base de plantas. Os produtos naturais têm desempenhado um papel fundamental na descoberta e desenvolvimento de medicamentos nos dias de hoje. A timoquinona tem uma vasta gama de propriedades farmacológicas benéficas, incluindo antioxidante, anticancerígena, anti-inflamatória, hipoglicémica, neuro, cardio, nefro e hepatoprotectora com uma tremenda propriedade imunomoduladora. A TQ apresenta um efeito significativo no tratamento de diferentes tipos de cancro, como o cancro da bexiga, o cancro dos ossos, o cancro da mama, o cancro do cólon, o cancro do pulmão e o cancro da próstata. O sulforafano pode ser encontrado numa grande variedade de vegetais crucíferos, incluindo couve, couve-de-bruxelas, couve-flor, brócolos, brócolos chineses, rebentos de brócolos, couve-rábano, couve-rábano, couve-rábano, mostarda, nabo, couve-galega e rabanete. Os benefícios mais importantes do sulforafano para a saúde são os seus efeitos contra o cancro da mama, as células cancerosas do pulmão, as células cancerosas do fígado humano, as linhas celulares do cancro gástrico, o cancro do ovário, o cancro da próstata, o cancro do pâncreas, o cancro das células do cólon, o tratamento da senescência das células cancerosas, as propriedades anti-inflamatórias, o agente antineoplásico, a redução do stress oxidativo placentário e endotelial, o potencial na asma granulocítica mista, o tratamento de várias perturbações neurológicas, a proteção contra doenças do músculo esquelético, o efeito antialérgico e o seu impacto contra o stress oxidativo. A floretina, um flavonoide 7,8-dihidrocalcona de origem vegetal, está normalmente presente nas raízes e nas folhas da maçã, da pera, do kumquat, do morango e dos legumes. Os benefícios mais importantes da floretina para a saúde são a atividade antioxidante, a atividade anti-inflamatória e os efeitos nas células cancerígenas. A sua atividade antioxidante ocorre através da eliminação de ROS, redutor da peroxidação lipídica, e o seu efeito anti-inflamatório ocorre através da diminuição do nível de citocinas, quimiocinas, moléculas de adesão, diminuição da expressão de COX-2 e iNOS, e supressão da transcrição de NF-κβ. A floretina pode influenciar as células cancerosas através da atividade citotóxica e apoptótica e da ativação de células imunitárias contra o tumor. O galato de epigalocatequina é uma catequina do chá. As actividades farmacológicas mais importantes da EGCG são antineoplásicas, infeção por VIH, hipertensão e complicações associadas, diabetes mellitus tipo II, a sua utilização como cardioprotector, hepatoprotector, nefroprotector e a sua aplicação em Alzheimer, Parkinson e Osteoporose. A sua importância no tratamento do cancro deve-se à sua origem natural, segurança e baixo custo, mas o principal problema é a sua baixa biodisponibilidade, com várias limitações importantes nos estudos sobre a EGCG.

O interesse pelos componentes naturais no tratamento e prevenção de várias doenças, como a diabetes, o cancro, as doenças coronárias, a artrite, etc., tem aumentado nos últimos anos. O cardo comum é uma erva anual/bienal de folha larga que é rica em insulina, um amido que passa diretamente pelo sistema digestivo. A sua raiz é diurética, tónica, antiflogística, adstringente e hepática na medicina tradicional, bem como um importante remédio para a dor de dentes. O ramsão é uma planta perene erecta nativa da Eurásia e os benefícios farmacológicos mais notáveis do ramsão são a atividade antibacteriana, trata problemas de estômago, é útil para doenças crónicas, tem muitos benefícios para a tensão arterial e o colesterol elevado, é adequado para a pele, é adequado para inflamações e infecções, ajuda na desintoxicação, melhora os agravamentos e as alergias. Os notáveis benefícios farmacológicos da líchia são: ajuda a remover manchas e a reduzir queimaduras solares, previne sinais de envelhecimento, promove o crescimento do cabelo e proporciona um brilho distinto, previne cataratas, tem efeitos anticancerígenos, melhora a digestão, promove a saúde cardiovascular, regula a circulação sanguínea, tem atividade anti-influenza, tem atividade anti-inflamatória, previne a rutura dos vasos sanguíneos, fortalece os ossos, aumenta a libido e previne a anemia. Os benefícios mais notáveis para a saúde das bagas de cinco sabores são o aumento da energia, a atividade anti-inflamatória, a melhoria da atividade muscular, a melhoria da visão, o aumento da saúde celular e a prevenção de doenças do fígado, o envelhecimento prematuro e a proteção contra a diabetes, a radiação e a regulação dos níveis de glicose no sangue, a melhoria da saúde mental, a modulação da pressão arterial, a melhoria da digestão e a prevenção de infecções. O óleo de Ajwain tem uma vasta gama de aplicações farmacêuticas, tais como actividades antifúngica, antibacteriana, antioxidante, anti-inflamatória, antibacteriana, nematicida, estomacal, carminativa, anti-séptica, aromática, digestiva, anti-séptica e emmenagoga. A presente revisão tem como objetivo apresentar alguns dos benefícios farmacológicos e para a saúde mais importantes de cinco plantas medicinais importantes na medicina tradicional asiática que podem ser mais estudadas devido aos seus componentes químicos valiosos para a prevenção e o tratamento de doenças. Neste artigo de revisão, foram mencionados alguns benefícios médicos importantes para a saúde e os efeitos farmacêuticos da timoquinona, do sulforafano, da floretina e da epigalocatequina. A pesquisa bibliográfica foi efectuada utilizando várias bases de dados, incluindo PubMed, Science Diret, ISI web of knowledge e Google Scholar.

As ervas e os seus produtos naturais são fontes importantes de componentes naturais com actividades antitumorais, antibacterianas, antioxidantes e antidiabéticas que são utilizadas na medicina tradicional (Shahrajabian e Sun, 2023a). A medicina tradicional asiática tem sido utilizada há milhares de anos por diferentes países, culturas e gerações para tratar muitas doenças e promover uma boa saúde (Shahrajabian e Sun, 2023b). As plantas e os medicamentos à base de plantas são produtos medicinais que contêm uma variedade de componentes activos e ingredientes farmacológicos vegetais (Sun et al., 2022; Shahrajabian et al., 2023; Shahrajabian e Sun, 2024). Todos os cardos têm uma forma de crescimento anual a bienal e reproduzem-se apenas por sementes e são produtores de sementes prolíficos. O cardo comum (*Cirsium vulgare* L.) tem uma vasta gama de caraterísticas medicinais e pode ser utilizado como alimento de sobrevivência em caso de necessidade. O alho-porro, alho de urso ou alho selvagem (*Allium ursinum* L.) é possivelmente uma das espécies de alho-porro selvagem mais conhecidas da Europa Central, que cresce em florestas abertas e traz benefícios maravilhosos para a saúde. A lichia (*Litchi chinensis* Sonn.) é um dos frutos mais importantes das regiões tropicais e subtropicais, que contém uma vasta gama de componentes químicos, tais como esteróis, flavonóides, triterpenos, fenólicos e outros componentes bioactivos. A baga de cinco sabores (*Schisandra chinensis*) é um medicamento natural antigo tanto na medicina tradicional chinesa como nas ciências tradicionais asiáticas à base de plantas. Na língua chinesa, chama-se wu wei zi porque tem cinco sabores, nomeadamente azedo, doce, salgado, amargo e adstringente. Era abundante no Oriente, com registos associados que remontam a antes de Cristo, e foi também registada pela primeira vez no Shennong Bencao

Jing. O Ajwain é uma planta medicinal muito apreciada, uma planta anual que pertence à família Apiaceae. De acordo com as ciências medicinais tradicionais iranianas, é quente e seca e possui um elevado teor de antioxidantes, o que a torna uma fonte natural provável para o desenvolvimento de nutracêuticos. O objetivo deste manuscrito é analisar os benefícios para a saúde e as vantagens farmacológicas de cinco plantas medicinais importantes das ciências medicinais tradicionais asiáticas. Na medicina tradicional asiática, desde a medicina tradicional chinesa até à medicina tradicional iraniana e indiana, o equilíbrio entre a doença e a saúde é um conceito-chave e um fator vital para restabelecer este equilíbrio e esta harmonia, uma vez que se diz que, para alcançar o equilíbrio, é importante chegar a um equilíbrio entre elementos externos como o metal, a madeira, a água, o fogo e a terra e os órgãos internos do corpo, sendo importante ter em conta ambos os lados. Os medicamentos tradicionais e os produtos à base de plantas têm encontrado uma variedade de parâmetros de segurança com relativamente poucas complicações.

Os medicamentos tradicionais à base de plantas têm sido considerados como uma fonte de remédio curativo (Sun et al., 2019a,b; Shahrajabian et al., 2019a,b; Khoshkharam et al., 2020), porque os componentes químicos das plantas são utilizados para promover a saúde e prevenir doenças (Soleymani e Shahrajabian, 2012; Shahrajabian et al, 2019c; Shahrajabian et al., 2020; Sun et al., 2020), e as plantas são fontes inestimáveis de novos medicamentos (Soleymani e Shahrajabian, 2018; Khoshkharam et al., 2019). Diferentes plantas contêm vários fitoquímicos, como a timoquinona, que é um composto natural da planta *Nigella sativa*. Sulforafano, que é um composto dentro do grupo isotiocianato de compostos organossulfurados, obtido a partir de vegetais crucíferos como couves, brócolos e couves de Bruxelas. A floretina, que é uma dihidrochalcona, um tipo de fenol natural que pode ser encontrado nas folhas da macieira e no alperce da Manchúria. O galato de epigalocatequina (EGCG), também conhecido como epigalocatequina-3-galato, um tipo de catequina, é a ester da epigalocatequina e do ácido gálico. A ECGC é a mais abundante no chá e é utilizada em muitos suplementos alimentares, sendo benéfica para afetar a saúde e a doença humanas. O objetivo deste artigo de mini-revisão é fazer um levantamento dos benefícios farmacológicos mais importantes da timoquinona, do sulforafano, da floretina e da epigalocatequina.

Cardo comum, cardo de boi, cardo de lança (*Cirsium vulgare* L.)

O cardo comum, que é nativo da Eurásia, é conhecido como uma das principais espécies invasoras prolíficas do mundo, e foi naturalizado em muitos países e espalhado por todo o mundo (Cripps et al., 2020; Dan et al., 2022; De et al., 2022; Pawariya et al., 2023; Pawariya et al., 2024). É uma fonte de sesquineolignanos e neolignanos (Solyomvary et al., 2015; Roman et al., 2021). Seis ácidos fenólicos, como os ácidos protocatecuico, gálico, hidroxibenzóico, gentísico, cafeico e vanílico, foram extraídos na fração de ácidos fenólicos livres do extrato metanólico de cardo comum (Kozyra e Glowniak, 2013). Além disso, dois componentes principais da lenhina medicinal dos frutos são do tipo neolignano, o trachelosídeo do tipo butirolactona e a balanofonina livre (Boldizsar et al., 2012). Os componentes metabólicos das folhas e inflorescências do cardo comum exerceram uma correlação positiva entre a atividade antioxidante e o conteúdo fenólico total para extractos de MeOH e fracções de EtOAc (Nazaruk, 2008). O ensaio antiproliferativo dos componentes extraídos do cardo comum confirmou um impacto inibitório dependente da dose das estruturas de suporte do picrasmalignano, balanofonina, desmetil picrasmalignano e desmetil balanofonina contra células de cancro do cólon SW480 (Konye et al., 2018).

Timoquinona

A timoquinona (TQ), também designada 2-isopropil-5-metil-1,4-ben-zoquinona (C H O_{10122}), desempenha várias funções e tem efeitos anti-inflamatórios, antidiabéticos, anticancerígenos e antioxidantes (Shimizu et al., 2004; Alenzi et al., 2010 Ravindran et al., 2010; Effenberger-Neidnicht e Schobert, 2011; Farkhondeh et al., 2017; Karaman, 2020). O seu óleo fixo de sementes pode inibir a inflamação dos seios nasais e das vias respiratórias e as infecções microbianas (Mahboubi, 2018). Tem sido considerado um produto químico seguro e um agente terapêutico para uso humano (Mashayekhi-Sardoo et al., 2020). É uma substância bioativa extraída das sementes de *Nigella sativa* (Mahmoud e Abdelrazek, 2019), que é uma planta sazonal, pertencente à família Ranunculaceae, cultivada principalmente no Médio Oriente, nas regiões mediterrânicas, no sul da Ásia e em África. A presença de TQ também é relatada em vários géneros da família Lamiaceae, como *Monarda*, e da família Cupressaceae, como *Juniperus* (Taborsky et al., 2012). Os seus efeitos anticancerígenos com menos efeitos secundários são relatados para o cancro da mama, o cancro do cólon, o cancro gástrico, o cancro do ovário e a leucemia mieloblástica (Banerjee et al., 2009; Banerjee et al., 2010; Attoub et al., 2013; Fatfat et al., 2019). O papel mais importante de *N. sativa* e seus constituintes TQ estão na prevenção do câncer através da ativação ou inativação de vias de sinalização de células moleculares (Rahmani et al., 2014; Imran et al., 2018). Também pode reduzir a secreção de citocinas inflamatórias, danos oxidativos e translocação bacteriana e prevenir alterações inflamatórias no fígado e no intestino (Kapan et al., 2012). As vias de sinalização mais importantes que o TQ medeia sua atividade anticâncer são p53, NF-κB, PPARy, STAT3, MAPK e PI3K / AKT (Majdalawieh et al., 2017). A TQ tem um impacto benéfico no condicionamento de células T in vitro para a terapia adotiva de células T contra o cancro e doenças infecciosas (Salem et al., 2011). Os impactos da TQ em distúrbios neurológicos e mentais, como a doença de Alzheimer· s (AD), a doença de Parkinson· s (PD), depressão e ansiedade, epilepsia, dependência e tolerância a opiáceos foram relatados em estudos anteriores (Sangi et al, 2008; Abdel-Zaher et al., 2010; Mostafa et al., 2012; Alhebshi et al., 2014; Bano et al., 2014;

Sedaghat et al., 2014; Sharaf et al., 2014; Norouzi et al., 2016; Seghatoleslam et al., 2016; Russo et al., 2018). Velagapudi et al. (2017) propuseram que a ativação da via de sinalização Nrf2 / ARE pela timoquinona provavelmente resulta na inibição da neuroinflamação mediada por NF-κB. Tantivitayakul et al. (2020) encontraram os efeitos antibacterianos do TQ em *F. nucleatum* e *P. gingivalis*, o que o tornou um tratamento promissor para prevenir a progressão da periodontite. Kausar et al. (2019) concluíram que a formulação desenvolvida de etossomas carregados de timoquinona pode ser usada como uma opção de tratamento eficaz para acne vulgar e vários distúrbios da pele. Firdaus et al. (2019) descobriram que a TQ pode prevenir a neurotoxicidade e a apoptose e citotoxicidade induzidas por As O_{23} . Rezaei et al. (2020) afirmaram que a TQ também pode aumentar a imunogenicidade das células estaminais mesenquimais (MSCs) através do seu impacto na expressão de genes envolvidos no compromisso das células do sistema imunitário do rato in vivo. A combinação de timoquinona e temozolomida pode ser uma boa estratégia para o tratamento do glioblastoma (Khazaei e Pazhouhi, 2017), e a sua combinação com dexpantenol teve um impacto significativo na cura histopatológica e funcional (Ogden et al., 2020). O TQ também exibe um potencial regenerativo para o tratamento de nervos periféricos danificados (Ustun et al., 2018). A timoquinona e a fluoxetina podem ser usadas para controlar a depressão na diabetes mellitus tipo 2 (Safhi et al., 2019). Pode aumentar a capacidade eferocítica / fagocítica, antagonizou os efeitos do extrato de fumaça de cigarro e LPS na fagocitose e S1PR5, e protegeu as células epiteliais brônquicas da apoptose induzida pela fumaça do cigarro (Barnawi et al., 2016). O TQ melhora os efeitos neurotóxicos do arsenato e suprimiu o stress oxidativo induzido no sistema nervoso através do seu mecanismo antioxidante (Kassab e El-Hennamy, 2017). Também desempenha um papel protetor contra a toxicidade induzida pelo arsénio nos rins e pode ser potencialmente utilizado como agente corretor (Sener et al., 2016). A estrutura da timoquinona é apresentada na Figura 1. Os efeitos farmacológicos mais importantes da timoquinona estão indicados no Quadro 1.

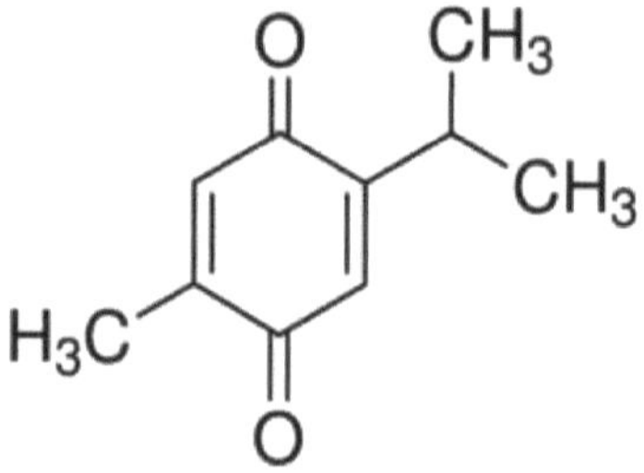

Figura 1- Estrutura da timoquinona.

Quadro 1- Os efeitos farmacológicos mais importantes da timoquinona.

Timoquinona (TQ)	Função	Referência
Efeito anticancerígeno no cancro da bexiga	*O TQ tem uma citotoxicidade significativa nas células cancerígenas da bexiga e pode inibir a sua proliferação e induzir a apoptose. *O efeito anticancerígeno da TQ está associado à disfunção mitocondrial e à via de stress do retículo endoplasmático devido a alterações proteicas de Bcl-1, Bax, citocromo c e proteínas relacionadas com o stress do retículo endoplasmático (GRP78, CHOP e	Zhang et al. (2018) Zhang et al. (2020)

	caspase-12).	
	*A TQ pode também inibir o crescimento de xenoenxertos e restringir a formação de focos metastáticos tumorais no pulmão.	
Efeitos anticancerígenos no cancro do pâncreas	*O sulforafano pode ter atividade no cancro pancreático estabelecido.	Pham et al. (2004)
Efeitos anticancerígenos no cancro da mama	*O TQ tem efeitos quimio-moduladores da gemcitabina (GCB) contra as células do cancro da mama através da indução de apoptose, necrose e autofagia, para além de esgotar a fração de células estaminais resistentes associadas ao tumor. *O TQ também induz a paragem do ciclo celular através da supressão da expressão da ciclina D1, da ciclina E e do inibidor da quinase dependente da ciclina (CDK) p27 nas células de cancro da mama T-47D e MDA-MB-468. *Também pode induzir a paragem da	Yu e Kim (2012) Rajput et al. (2013) Sutton et al. (2014) Darakhshan et al. (2015) Alobaedi et al. (2017) Bashmail et al. (2018) Kommineni et al. (2019) Aslan et al. (2020) Bhattacharya et al. (2020) Zafar et al. (2020)

	célula na fase G1 durante a incubação inicial, enquanto a exposição prolongada à TQ resultou na perda do potencial da membrana mitocondrial, induzindo assim a apoptose através da libertação de citocromo c e interferindo na ativação da Akt. *A combinação de TQ e resveratrol (RES) contra o cancro da mama pode funcionar sinergicamente, inibindo simultaneamente a metástase e a angiogénese.	
Efeitos anticancerígenos no cancro da próstata	*Demonstrou citotoxicidade contra células BG-1 e células de adenocarcinoma do ovário humano. *A TQ potenciou significativamente os impactos apoptóticos da talidomida e do bortezomib, e também reprimiu o cancro da próstata refratário às hormonas, suprimindo a	Shoieb et al. (2003) Kaseb et al. (2007) Yi et al. (2008)

	expressão do recetor de androgénio e do fator de transcrição E2F-1.	
Efeitos anticancerígenos no cancro colorrectal	*A TQ tem efeitos sobre o carcinoma colorrectal, num processo de múltiplos passos em que os radicais de oxigénio desempenham um papel crítico durante as fases de iniciação, promoção e progressão. *A TQ é eficaz na proteção e cura da fase de iniciação do cancro do cólon induzida pela DMH e estes efeitos podem estar relacionados com a sua capacidade de prevenção do stress oxidativo induzido pela DMH.	Gali-Muhtasib et al. (2008a,b) El-Najjar et al. (2010)
Efeitos anticancerígenos no cancro renal	*O cancro do rim, também chamado cancro renal, é uma doença em que as células renais se tornam cancerosas e crescem fora de controlo, formando um tumor; o tratamento com TQ diminuiu claramente a	Hosseinian et al. (2017) Park et al. (2019) Chae et al. (2020) Costa et al. (2020)

	viabilidade das células numa concentração. A TQ pode diminuir significativamente a migração colectiva das células 786-O, embora não tenha qualquer efeito na migração quimiotáctica; a TQ também diminui o potencial de invasão das células 786-O. *A TQ é um medicamento anticancerígeno proeminente para tratar o carcinoma de células renais (CCR) humano, aumentando a apoptose através da sua natureza pró-oxidante. *A TQ é capaz de melhorar a lesão do tecido renal induzida pela obstrução ureteral unilateral.	
Efeitos anticancerígenos no cancro do ovário	*Foi relatado que a TQ aumenta a quimiossensibilidade em muitos cancros, como a resposta à cisplatina em linhas celulares de cancro do ovário.	Shoeib et al. (2003) Nessa et al. (2011) Huq et al. (2014) Wilson et al. (2015) Liu et al. (2017) Johnson-Ajinwo et

	*Pode induzir tanto a inibição da proliferação celular como a indução de apoptose no cancro do ovário.	al. (2018)
Caraterísticas anti-oxidantes	*Devido à atividade de eliminação de várias espécies activas de oxigénio (ROS), incluindo o anião superóxido, o radical hidroxilo e o oxigénio molecular simples. *O potencial anti-oxidante da TQ pode estar relacionado com as propriedades redox da estrutura da quinona da molécula e com a capacidade ilimitada da TQ para atravessar as barreiras fisiológicas e aceder facilmente aos compartimentos subcelulares, o que contribui para os efeitos de eliminação dos radicais. *A TQ induziu a expressão e a atividade da GST, GSH-Px, SOD e glutatião redutase. *A TQ é eficaz na proteção dos ratos	Daba e Abdel-Rahman (1998) Nagi e Mansour (2000) Badary e Gamal El-Din (2001) Mansour et al. (2002) Badary et al. (2003) Kanter et al. (2005) Elbarby et al. (2012) Ince et al. (2013)

	contra o stress oxidativo induzido pelo IMI, reforçando os mecanismos de defesa antioxidante.	
Efeitos anticancerígenos no cancro do pâncreas	*Tem efeitos citotóxicos contra o cancro pancreático e diminui a viabilidade das células cancerosas pancreáticas. A TQ inibiu a expressão de Bcl-2, Bcl-xL, Mcl-1, sobrevivente e XIAP e induziu a de Bax. *Pode também suprimir a expressão de COX-2, a acumulação de PGE2 e a ativação de NF-κB.	Banerjee et al. (20090
Efeitos anticancerígenos em células humanas de cancro do pulmão não pequenas (NSCLC)	*A TQ induz o bloqueio G2/M em células de cancro do pulmão não pequenas A549 humanas (NSCLC). Distorce a organização do fuso e suprime a polimerização da tubulina por ligação direta à tubulina. A despolimerização dos microtúbulos induzida pela TQ é seguida de apoptose.	Jafri et al. (2010) Acharya et al. (2014)
Anti-diabético	*Com base numa	Fararh et al. (2010)

	meta-análise, a TQ tem um efeito antidiabético significativo através da sua ação sobre a glicose sérica, o nível de insulina sérica e o peso corporal dos animais. *As nano-cápsulas de timoquinona produzem um melhor efeito anti-hiperglicémico em ratos diabéticos de tipo 2.	Rani et al. (2018) Bule et al. (2020)
Atividade antitumoral	*O gel F2 carregado com DOX e TQ revela uma maior atividade antitumoral com uma toxicidade mínima e pode melhorar a nefrotoxicidade. *O tratamento com TQ pode ser considerado como uma estratégia terapêutica promissora para os tumores malignos do sistema nervoso central (SNC) humano, que são causados principalmente pela indução da paragem do ciclo celular G2/M,	Farkhondeh et al. (20170 Zidan et al. (2018)

	vias apoptóticas, inibição da autofagia, angiogénese, invasão e migração.	
Anti-hiperlipidémico	*A formulação (F3) com caraterísticas adequadas (tamanho= 372,8 nm; potencial zeta= 13,12 mV; eficiência de encapsulamento= 81,38 ± 0,015) como tratamento optimizado selecionado da vesícula de quitosano com timoquinona mostrou uma inflamação mínima da veia central, o que sugere uma formulação bem sucedida da vesícula lipídica de quitosano carregada com timoquinona para uma melhor administração oral.	Fakhria et al. (2019)
Efeitos anticonvulsivos	*A timoquinona tem efeitos em crianças com convulsões refractárias.	Akhondian et al. (2011)
Toxicidade anti-chumbo (Pb)	*A timoquinona pode exercer o seu potencial terapêutico contra a toxicidade testicular e	Mabrouk e Cheikh (2016) Hassan et al. (2019)

	espermática induzida pelo Pb através de vias anti-oxidativas, endócrinas e anti-apoptóticas. *A TQ pode ser considerada como uma alternativa clinicamente promissora na nefrotoxicidade do Pb contra a diminuição da capacidade antioxidante renal induzida pelo Pb.	
Efeitos anti-inflamatórios e imunomoduladores	*A TQ possui efeitos anti-inflamatórios; várias vias de sinalização são incriminadas em tais efeitos, e a TQ pode regular negativamente a AP-1 e o NF-κB. *A desregulação do NF-κB interfere com mediadores pró-inflamatórios e inflamatórios, como a interleucina-1β, o fator de necrose tumoral alfa, a COX-2, a MMP-13 e a PGE_2. *A TQ das sementes pretas pode inibir a sinalização do fator regulador do	Houghton et al. (1995) Mansour e Tornhamre (2004) El Mezayen et al. (2006) Gazzar et al. (2006a,b) Tekeoglu et al. (2006) Sayed e Morcos (2007) Chehl et al. (2009) Ammar et al. (2011) Kanter (2011) Vaillancourt et al. (2011) Vaillancourt et al.

	interferão (IRF) para a produção de citocinas pró-inflamatórias e a proliferação celular.	(2011) Woo et al. (2011) Suddek et al. (2013)
	*Quanto ao seu papel imunomodulador, pode induzir uma inibição acentuada, dependente da dose, dos leucotrienos LTC4 e LBT4 em suspensões de granulócitos humanos por supressão da atividade da 5-lipoxigenase.	Khader e Eckl (2014) Amin e Hosseinzadeh (2016) Gulmez et al. (2017) Alkharfy et al. (2018) Aslam et al. (2018)
	*O TQ tem a capacidade de suprimir a inflamação celular e a proliferação de células cancerosas através da modulação do recetor gama ativado pelo proliferador de peroxissoma.	Aziz et al. (2018) Cobourne-Duval et al. (2018) Ahmad et al. (2020) Yetkin et al. (2020)
	*A TQ apresenta um impacto anti-apoptótico e atenua a lesão pulmonar induzida pela exposição crónica ao tolueno.	
	*Pode melhorar as alterações histopatológicas	

	induzidas pela ciclofosfamida no tecido pulmonar. *A aplicação oral e tópica de timoquinona exerce um impacto imunomodulador num modelo animal de dermatite atópica. *O tratamento com TQ tem um papel na redução das respostas inflamatórias, da neuroinflamação e da neurodegeneração causada pela ativação microglial.	
Actividades antimicrobianas	*Tem atividade antibacteriana contra algumas estirpes bacterianas, como *Escherichia coli*, *Streptococcus faecalis*, *Staphylococcus aureus*, *Peudomonas aeruginosa* e *Bacilllus subtilis*. *A suplementação com TQ é eficaz nos fortes formadores de biofilme *S. aureus*, *Streptococcus salivarius* e *Streptococcus oralis*; o formador de biofilme de	Khan et al. (2003) Kokoska et al. (2008) Chaieb et al. (2011) Kouidhi et al. (2011) Randhawa (2011) Piras et al. (2013) Mahmoudvand et al. (2014) Novy et al. (2014)

	Enterococcus faecalis, *Gemella haemolysans*, *Pseudomonas aeruginosa* e *Streptococcus mitis* diminuiu, mas não foi completamente suprimido. *A TQ tem um efeito sobre a atividade metabólica das células incorporadas no biofilme e matou eficazmente *os estafilococos* em suspensão, impedindo a formação de biofilmes. *A TQ inibiu a atividade de efluxo do DAPI e a taxa de acumulação de DAPI em isolados clínicos foi aumentada com a TQ. O *TQ possui atividade anti-tuberculose contra isolados clínicos de *Mycobacterium tuberculosis*; além disso, apresenta atividade antifúngica contra *Candida albicans*, *Candida tropicalis* e *Candida*	

	krusei, bem como contra as estirpes de dermatófitos patogénicos *Trichophyton mentagrophytes*, *Microsporum canis* e *Microsporum gypseum*.	
Anti-alérgico	*O tratamento com TQ pode inibir a libertação de histamina, fator de necrose tumoral-α e interleucina-4, o que comprova os seus efeitos antialérgicos.	Al-Qubaisi et al. (2019)
Os seus efeitos contra a artrite reumatoide (AR)	*A TQ tem o potencial de melhorar a artrite reumatoide através da regulação negativa dos níveis de expressão de TLR2, TLR4, TNF-α, IL-1 e NFκB.	Arjumand et al. (2019)
Periodontite crónica	*A aplicação intra-crevicular de um gel de timoquinona a 0,2% pode ser um complemento benéfico da destartarização e do planeamento radicular (SRP) no tratamento da periodontite crónica.	Kapil et al. (2018)

| **Hepatoprotectora** | *A timoquinona desempenha o seu papel hepatoprotector em ratos através da prevenção da supressão da superóxido dismutase mediada pelo paraquato.

*Os nano-construtos de fosfolípidos carregados com TQ podem ser nano-plataformas eficazes para o tratamento de doenças hepáticas e podem aumentar a biodisponibilidade oral desta molécula hidrofóbica. | Zeinvand-Lorestani et al. (2018)

Rathore et al. (2020) |

Ramsons, Alhos bravos (*Allium ursinum* L.)

É um substituto popular e uma especiaria tradicional em muitos países, que é uma espécie dominante de camada herbácea em florestas decíduas ricas em nutrientes da Europa Central, e depende de sementes para regeneração (Radulovic et al., 2015; Tomsik et al., 2017; Heinrichs et al., 2018). Pertence a espécies de Allium do tipo metiina/aliina, que contém principalmente uma mistura de (+)-S-alil-L-cisteína-sulfóxido de alliina e (+)-S-metil-L-cisteína-sulfóxido (metiina) (Tomsik et al., 2016). É uma fonte importante de compostos fenólicos e substâncias que contêm enxofre (Gitin et al., 2012), e as suas folhas incluem formas livres de alho, ácidos vanílico e ferúlico, e formas ligadas de p-cumárico, e os seus bolbos contêm ácidos ferúlico, p-hidroxibenzóico e vanílico, bem como formas ligadas de ácidos ferúlico e p-cumárico (Durdevic et al., 2004). Os componentes do alho selvagem que contêm enxofre são responsáveis pela sua aplicação tradicional em termos de fins medicinais e culinários, sendo os principais sulfóxidos de cisteína a isoalina e a alliina (Schmitt et al. 2005). Tem potencial para reduzir os níveis de colesterol sérico principalmente através da inibição da síntese de colesterol, e os seus componentes mostraram uma eficácia quase idêntica à dos extractos de alho (Sendl et al. 1992). Os principais sulfóxidos de cisteína são a isoalina e a alliina, com diferentes caraterísticas biológicas, como actividades citostáticas, antimicrobianas e antioxidantes (Vlase et al., 2013).

Sulforafano

O sulforafano é um quimiopreventivo natural do cancro, o produto de hidrólise da glucorafanina e o principal glucosinolato dos brócolos (Ghawi et al., 2013; Mahn et al., 2016; Kokotou et al., 2017; Akbari e Namazian, 2020). O sulforafano pode ser encontrado numa grande variedade de vegetais crucíferos, incluindo couve, couve-de-bruxelas, couve-flor, brócolos, brócolos chineses, rebentos de brócolos, couve-rábano, couve-rábano, couve-rábano, mostarda, nabo, couve e rabanete (Ahn et al., 2010; Liang et al., 2012). O sulforafano tem atividade anticancerígena e antimicrobiana (Negrette-Guzman et al., 2019; Cierpial et al., 2020), composto anticarcinogénico (Hafezian et al., 2019). Também pode ser considerado como candidato antineoplásico (Arcidiacono et al., 2018). O sulforafano inibe a proliferação e induz a apoptose, diminuindo o stemness das células cancerígenas nasofaríngeas através de um mecanismo relacionado à sinalização STAT3 in vitro (Li et al., 2018). A aplicação de alimentos ricos em sulforafange pode ser usada na arena do agente clínico de quimioprevenção contra uma variedade de cancros, como mama, próstata, cólon, pele, pulmão, estômago, bexiga e também doenças cardiovasculares, doenças neurodegenerativas e diabetes (Yang et al., 2016). A nível molecular, o sulforafano modula a homeostase celular através da ativação do fator de transcrição Nrf2 (Russo et al., 2018). Lv et al. (2020) recomendam tanto os rebentos como as sementes como matérias-primas de alimentos funcionais que possuem um elevado potencial de promoção da saúde. Wang et al. (2018) relataram os papéis duplos do sulforafano que fazem deste composto natural um agente valioso para a prevenção contra a carcinogénese induzida pelo cádmio. Isaacson et al. (2020) descobriram que a ativação da via de defesa antioxidante intrínseca com sulforafano pode prevenir parcialmente os efeitos da olanzapina e pode representar uma estratégia útil para proteger contra lesões hepáticas. O sulforafano tem um valor potencial como ferramenta terapêutica em doenças neurodegenerativas, incluindo doenças de priões (Lee et al., 2014). A mistura de sulforafano e clorogénico são potenciais nutracêuticos para a terapia da dor abdominal (Guadarrama-Enriquez et al., 2018). Também pode prevenir o comprometimento induzido por hipóxia da estrutura da membrana mitocondrial (Langston-Cox et al., 2020). O sulforafano regulou positivamente a expressão de

Nrf2 e promoveu a translocação nuclear de Nrf2, diminuindo os níveis de desmetilação do DNA do promotor Nrf2, o que levou a efeitos antioxidantes e anti-inflamatórios em um modelo celular da doença de Alzheimer's (Zhao et al., 2018). O sulforafano pode inibir a disseminação de células tumorais metastáticas através da estimulação da resposta imune mediada por células, regulação positiva de IL-2 e IFN-γ e regulação negativa de citocinas pró-inflamatórias IL-1β, IL-6, TNF-α e GM-CSF (Thejass e Kuttan, 2007). Alkharashi et al. (2019) relataram que a ingestão de vegetais e frutas enriquecidos com sulforafano é útil para superar a toxicidade induzida por Cd em humanos. Checker et al. (2015) mostraram os potentes efeitos anti-inflamatórios do sulforafano, mediados pela modulação da via PI3K / AKT / GSK3β / Nrf-2 e NF-κB nas células T. É também eficaz na prevenção da reabsorção osteoclastogénica induzida pela deficiência de estrogénio (Lee et al., 2014). O tratamento com sulforafano é uma estratégia promissora para reduzir a lesão intestinal na quimioterapia (Wei et al., 2020). A regulação epigenética mais importante do sulforafano no câncer é a acetilação de histonas, fosforilação de histonas, metilação de DNA, RNA não codificante, desmetilação de CPG e acetilação de histonas no promotor *Nrf2* (Su et al., 2018). A estrutura do sulforafano é mostrada na Figura 2. Os efeitos farmacológicos mais importantes do sulforafano são apresentados na Tabela 2.

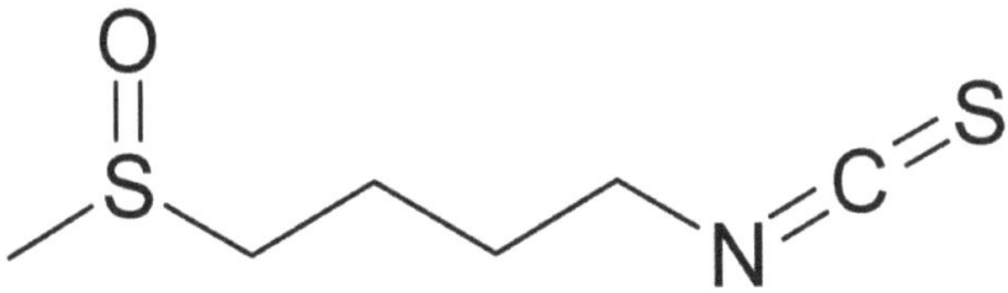

Figura 2- A estrutura do sulforafano.

Quadro 2- Os efeitos farmacológicos mais importantes do sulforafano.

Sulforafano	Função	Referência
Os seus efeitos contra o cancro da mama	*O tratamento do cancro da mama triplo negativo com quimioterapia	Burnett et al. (2017) Lubecka et al. (2018) Yang et al. (2018)

	citotóxica seria muito beneficiado pela adição de sulforafano para evitar a expansão e eliminar as células estaminais do cancro da mama. O sulforafano apresenta uma maior redução do volume do tumor primário e reduz a formação de tumores secundários.	Mielczarek et al. (2019) Kaboli et al. (2020)
	*A combinação de sulforafano e doxorrubicina mostrou uma inibição sinérgica do crescimento de células de cancro da mama triplo negativo.	
	*O sulforafano em combinação com a clofarabina reactiva significativamente o supressor tumoral CDKN2A silenciado por metilação do ADN e inibe o crescimento das células cancerosas numa fase não invasiva do cancro da mama.	
	* O sulforafano afecta eficazmente as histonas desacetilases envolvidas na	

	remodelação da cromatina, na expressão dos genes e na sinalização anti-oxidante Nrf2.	
Os seus efeitos contra as células cancerosas do pulmão	* O sulforafano pode diminuir a capacidade migratória e invasiva das células do cancro do pulmão. O efeito inibidor do sulforafano na EMT das células do cancro do pulmão foi atenuado pelo silenciamento da quinase 5 regulada pelo sinal extracelular.	Chen et al. (2019)
Os seus efeitos contra as células cancerosas do fígado humano	*O sulforafano pode afetar a atividade de factores de transcrição oncogénicos através da metilação dos seus motivos de ligação, o que leva ao efeito do sulforafano na expressão genética e na metilação do ADN em células de carcinoma hepatocelular humano. *O sulforafano pode proteger contra as lesões hepáticas induzidas por lipopolissacáridos	Lee et al. (2020) Santos et al. (2020)

	(LPS). Os LPS aumentam significativamente a mortalidade, os níveis séricos de marcadores de danos no fígado e as citocinas inflamatórias.	
O seu efeito contra as linhas celulares do cancro gástrico	*Foram encontradas alterações significativas na expressão de CDX1, CDX2, miR-9 e miR-326 nas linhas de cancro gástrico (AGS e MKN45), sob diferentes concentrações de sulforafano. O sulforafano pode influenciar as linhas celulares do cancro gástrico em doses específicas e alterar a sua taxa de proliferação através da alteração da expressão de CDX1, CDX2, miR-9 e miR-326. *O sulforafano pode ser um composto natural potente que visa as células estaminais do cancro gástrico através da supressão da via Sonic Hh, o que pode ser um agente promissor para	Kiani et al. (2018) Ge et al. (2019)

	a intervenção no cancro gástrico.	
Os seus efeitos contra o cancro do ovário	*O sulforafano a uma concentração de 10 µM inibe eficazmente o crescimento de células cancerígenas. Os efeitos do sulforafano no crescimento celular podem estar relacionados com a xidação de tióis proteicos ou com a alteração do estado redox celular.	Kim et al. (2017)
Os seus efeitos contra as células cancerosas da próstata	*O sulforafano pode diminuir o número de células DU145 viáveis, em grande parte através da geração de espécies reactivas de oxigénio (ROS) e da sinalização mediada por JNK para a paragem G_2 /M e apoptose dependente da caspase.	Cho et al. (2005)
Os seus efeitos contra o cancro do pâncreas	*O sulforafano potencia a eficácia do 17-AAG contra o cancro do pâncreas através da anulação da função Hsp90.	Li et al. (2011) Naumann et al. (2011)
Os seus efeitos contra o cancro das	*O sulforafano exerce um efeito inibidor, dependente da	Zeng et al. (2011) Rajendran et al.

células do cólon	concentração, sobre a produção de citocinas inflamatórias pelas células imunitárias. *O sulforafano tem excelentes propriedades citoprotectoras nas células CRL-1790, uma vez que pode induzir a expressão dependente de Nrf2 de MRP1 e NAD(P)H quinona desidrogenase 1 (NQO1).	(2013) Lubelska et al. (2016) Pocasap e Weerapreeyakul (2016) Bessler e Djaldetti (2018) Yasuda et al. (2019)
Tratamento da senescência das células cancerosas	*O sulforafano + a withaferina A promovem sinergicamente a morte das células do cancro da mama através da inibição da progressão do ciclo celular da fase S para a fase G2 no cancro da mama MDA-MB-231 e MCF-7.	Royston et al. (2018)
Propriedades anti-inflamatórias	*O sulforafano funciona como supressor da resposta inflamatória induzida pelo MALP-2, não só inibindo a expressão de citocinas e a indução de HO-1, mas também diminuindo a	An et al. (2016) Lee et al. (2016) Haodang et al. (2019) Vuong et al. (2019) Liu et al. (2020)

	ativação de NF-κB em monócitos em cultura e nos pulmões de ratinhos. *O sulforafano alivia a dor induzida pela endometriose ciática, que é mediada pela inibição da inflamação.	
Agente antineoplásico	*A redução do fator respiratório nuclear-1 atenuou o efeito induzido pelo sulforafano nas células do cancro da próstata, demonstrando que a biogénese mitocondrial desempenha um papel importante na morte celular.	Negrette-Guzman et al. (2017)
Redução do stress oxidativo placentário e endotelial	*O sulforafano reduziu a secreção de endotelina-1, VCAM1, ICAM1 e E-selectina por HUVEC mediada por TNF-α e evitou o aumento da permeabilidade endotelial. *Em explantes placentários, pode reduzir a secreção de Flt-1 solúvel, endoglina solúvel e	Cox et al. (2019)

	activina A, induzir a ativação e a translocação nuclear de NRF2 em HUVECs, incluindo a heme oxigenase 1. *Pode oferecer uma nova abordagem terapêutica adjuvante para o tratamento da pré-eclâmpsia.	
Potencial terapêutico na asma mista de granulócitos	*A ativação do Nrf2 pelo sulforafano pode reduzir a inflamação neutrofílica das vias respiratórias através da regulação positiva dos antioxidantes e da regulação negativa das citocinas inflamatórias nas vias respiratórias.	Al-Harbi et al. (2019)
Tratamento de várias doenças neurológicas	*O sulforafano protege várias doenças neurológicas regulando a via Nrf2.	Uddin et al. (2020)
A sua proteção contra as doenças do músculo esquelético	*É um medicamento potencial para prevenir a disfunção do músculo esquelético no diabetes mellitus tipo 2. Pode ativar a via de sinalização Nrf2/HO-1 e reduzir a expressão de proteínas inflamatórias e	Wang et al. (2020)

	apoptóticas associadas.	
Anti-alérgico	*O sulforafano tem efeitos inflamatórios antialérgicos interceptando as vias de sinalização caspase-1/NF-κB/MAPKs.	Jeon et al. (2020)
Os seus efeitos contra o stress oxidativo	*A floretina aumenta a expressão de HO-1 e GCL através da via ERK2/Nrf2 e protege os hepatócitos contra o stress oxidativo.	Yang et al. (2011)

Lichia (*Litchi chinensis* Sonn.)

A lichia é um fruto subtropical, delicioso e sumarento que pertence à família Sapindaceae (Chen *et al.*, 2015). Ocupa um lugar importante e é cultivada em muitos países, como os EUA, a China, o Vietname, a Índia, a Indonésia, o Bangladesh, a Tailândia, o Nepal, as Filipinas, a África do Sul, etc. O seu fruto é pequeno, em forma de coração ou esférico, cónico e de cor vermelha viva. Os frutos da lichia contêm oligonol, um polifenol de baixo peso molecular que é considerado como tendo enormes propriedades anti-influenza e antioxidantes (Sakurai *et al.*, 2008). Também contém um forte potencial preventivo na doença de Alzheimer e na diabetes mellitus (Choi *et al.*, 2016). A lichia é também uma fonte importante de vitamina C, vitaminas do complexo B, como a niacina, a tiamina e os folatos (Rivera-Lopez *et al.*, 1999). Os principais componentes voláteis da lichia e do sumo de lichia são o ácido octanóico, o ácido hexanóico, o ácido isobutírico, o ácido decanóico, o álcool amílico ativo, o álcool isobutílico, o álcool 2-feniletílico, o 1-octanol, o 1-butanol, o acetato de etilo, o octanoato de etilo, o hexanoato de etilo, o dodecanoato de etilo, o dodecanoato de etilo e o dodecanoato de etilo, dodecanoato de etilo, decanoato de etilo, decanoato de isobutilo, octanoato de isobutilo, acetato de isoamilo, octanoato de isoamilo, hexanoato de isoamilo, decanoato de isoamilo, acetato de citronelilo, acetato de 2-feniletilo, óxido de *cis-rosa*, linalol, citronelol e geraniol (Chen *et al.*, 2016). A aplicação mais notável da lichia nas ciências medicinais tradicionais é para a tosse, flatulência, úlceras estomacais, diabetes, obesidade e inchaço testicular (Ibrahim e Mohamed, 2015). Foi provado que o extrato aquoso de sementes de líchia tem efeitos significativos no retardamento da oxidação lipídica e na inibição da adipogénese, o que o torna a melhor escolha para melhorar a qualidade e a segurança dos produtos à base de carne (Qi *et al.*, 2015). As sementes são basicamente descartadas como resíduos, exceto uma pequena quantidade que é utilizada como medicina tradicional para tratar o inchaço testicular e a dor epigástrica (Dong *et al.*, 2019). O oligonol pode ser adequado como futuros parâmetros hipolipidémicos e de controlo de peso para mulheres obesas e com excesso de peso (Bahijri *et al.*, 2017).

Cloretina

A floretina, um flavonoide 7,8-dihidrocalcona de origem vegetal, geralmente presente nas raízes e folhas de maçã, pera, kumquat, morango e legumes (Hilt et al., 2003; Tsao et al., 2003; Barreca et al., 2011, 2013; Gosch et al., 2009; Xu et al., 2010). A floretina é um flavonoide dihidrochalcona que apresenta uma potente atividade antioxidante na eliminação de peroxinitritos e na inibição da peroxidação lipídica (Rezk et al., 2002). Tem também actividades antioxidantes, anti-inflamatórias, antitumorais, antidiabéticas, de branqueamento da pele e antimicrobianas (Han et al., 2017; Wei et al., 2017). É também conhecida como uma molécula que afecta as propriedades eléctricas das monocamadas lipídicas e a permeabilidade das membranas (Cseh e Benz, 1999). As plantas mais importantes em que a floretina ou os seus derivados glicosilados foram encontrados são *Malus* spp., *Fragaria x ananassa*, *Symplocos* spp., *Kalmia* spp., *Pieris japonica*, *Rhododendron* spp., *Lidera lucida*, *Balanophora* spp, *Piper elongatum*, *Lithocarpus polystachyus*, *Lactuca sativa*, *Corylopsis* spp., *Hovenia Lignum*, *Ziziphus* spp., *Smilax glyciphylla*, *Fagopyrum esculentum* e *Aspalathus linearis* (Behzad et al., 2017). Dois anéis fenólicos aromáticos (anel A e B), grupos hidroxilo e um grupo carbonilo são responsáveis por um vasto espetro de efeitos farmacológicos (Behzad et al., 2017). A floretina é um inibidor da troca aniónica e do transporte de glicose e ureia nos glóbulos vermelhos humanos (Forman et al., 1982). É simultaneamente um desacoplador e um inibidor da fosforilação oxidativa (De Jonge et al., 1983). A floretina inibe a desgranulação, a agregação e a absorção de cálcio dos neutrófilos estimulados pelo péptido quimiotático fMet-Leu-Phe, devido à sua interferência na ligação do péptido sintético aos seus receptores da membrana plasmática (Shefcyk et al., 1983). A inibição da atividade da proteína quinase C pela floretina favorece a taxa de células apoptóticas nas células (Kobori et al., 1997). A floretina é também benéfica para reduzir a resistência à insulina (Hassan et al., 2010). A aminoetil-floretina é um novo derivado de floretina solúvel em água que melhora a solubilidade da floretina e a torna um conservante promissor na indústria alimentar (Will et al., 2007; Wang et al., 2019; Wei et al., 2020). Huang et al. (2016) sugeriram que a floretina atenua as vias de estresse inflamatório e oxidativo que acompanham a lesão pulmonar em camundongos por meio do bloqueio da fosforilação do fator nuclear kappa B (NF-κB) e das vias da proteína quinase ativada por mitógeno (MAPK). Pode ser capaz de aumentar a sensibilidade à insulina e aliviar as doenças metabólicas (Shu et al., 2014), e também um potencial medicamento terapêutico para a doença pulmonar obstrutiva crônica (Wang et al., 2018). Pode ser benéfico para reduzir a resistência à insulina através da regulação da diferenciação e função dos adipócitos (Hassan et al., 2007). A floretina é um agente protetor natural reconhecido, que actua contra os danos nos tecidos causados pelos radicais livres de oxigénio (Aliomrani et al., 2016). Os efeitos farmacológicos mais importantes da floretina são apresentados no quadro 3. A estrutura química da floretina é apresentada na Figura 3.

Quadro 3- Os efeitos farmacológicos mais importantes da floretina.

Cloretina	Função	Referência
Efeitos anti-inflamatórios	*A floretina tem a capacidade de inibir a expressão das quimiocinas e da molécula de adesão intercelular (ICAM)-1 através da supressão das vias NF-κB e MAPK nos queratinócitos humanos. *A floretina tem um impacto anti-inflamatório que pode reduzir os níveis de citocinas e mediadores pró-inflamatórios nas células RAW264.7. *Tem efeitos anti-ulcerosos na colite	Chang et al. (2012) Huang et al. (2015) Wu et al. (2019) Abu-Azzam et al. (2020)

	(UC) através da regulação do microbiota intestinal e da floretina, o que a torna adequada para o tratamento da UC. *A microemulsão de floretina apresenta propriedades anti-inflamatórias comparáveis às dos medicamentos anti-inflamatórios não esteróides (AINE) diclofenac e indometacina, o que a tornou uma ferramenta terapêutica promissora no tratamento tópico da inflamação vaginal.	
Efeitos antiapoptóticos	*A expressão de HO-1 induzida pela floretina é mediada tanto pela via JNK como pela via Nrf2; a expressão inibe a apoptose induzida pela cisplatina nas células HEI-OC1.	Choi et al. (2011)
Atividade antitumoral	*A floretina pode aumentar o efeito mortal das células T $\gamma\delta$ nas células SW-1116; o mecanismo pode ser que a	Zhu et al. (2013)

	floretina possa proliferar o crescimento das células T γδ, aumentar a expressão de PFP e GraB, ativar a via de sinalização Wnt e produzir um nível mais elevado de IFN-γ.	
Actividades nootrópicas, neuroprotectoras e neurotróficas	*A floretina pode aumentar significativamente a formação da memória espacial e a neutroficidade. ·*Pode induzir uma perturbação da memória e é uma substância terapêutica promissora no tratamento da doença de Alzheimer. *É também um potente agente terapêutico no tratamento da doença de Pakinson· s.	Ghumatkar et al. (2015) Liu et al. (2015) Zhang et al. (2019)
Os seus efeitos contra as lesões hepáticas	*A floretina atenua a disfunção endotelial vascular e as lesões hepáticas. *A floretina também previne a alteração histológica do fígado causada pela CCL_4 , o que demonstra a sua	Ren et al. (2016) Lu et al. (2017)

	importância potencial como ingrediente funcional para prevenir lesões hepáticas.	
Os seus efeitos contra a neuropatia diabética	*A floretina pode ser um agente promissor no tratamento da neuropatia diabética, isoladamente ou em combinação com a duloxetina. *A administração oral de floretina a ratos diabéticos reverteu significativamente os níveis de glicose, insulina, peroxidação lipídica, antioxidantes enzimáticos e não enzimáticos para valores próximos do normal, o que mostra que o tratamento com floretina na diabetes exerce um efeito protetor atenuando o stress oxidativo mediado pela hiperglicemia e melhorando as actividades antioxidantes.	Nithiya e Udayakumar (20170 Balaha et al. (2018)
Os seus efeitos contra as células cancerosas do colo do útero humano	*Inibe as capacidades metastáticas e angiogénicas e o estaminus do cancro	Lu et al. (2015) Hsiao et al. (2019)

	das células SiHa, o que demonstra a importância deste flavonoide como agente terapêutico promissor para o tratamento das células do cancro do colo do útero humano.	
Os seus efeitos contra o cancro gástrico	*Os efeitos anticancerígenos da floretina devem-se à indução da apoptose e à paragem do ciclo celular, podendo ser útil no tratamento do cancro gástrico.	Xu et al. (2018)
Os seus efeitos contra o cancro da mama	*O EGCG possui um potencial quimiopreventivo no cancro da mama. Inibe a expressão do miR-25 e aumenta os níveis proteicos de PARP, procaspase-3 e pro-caspase-9, e a restauração do miR-25 inibe a apoptose celular induzida pelo EGCG. O EGCG suprime o crescimento tumoral in vivo através da regulação negativa da expressão do miR-25 e das proteínas associadas à apoptose.	Zan et al. (2019)

Os seus efeitos nas doenças renais relacionadas com a hiperuricemia	*Pode atenuar eficazmente a lesão renal induzida pelo ácido úrico (AU) através da co-inibição do domínio da pirina do recetor do tipo NOD contendo 3 (NLRP3) e da reabsorção de AU e pode ser uma terapia potencial para doenças renais relacionadas com a hiperuricemia.	Cui et al. (2020)
Antivirais para o ZIKV	*A atividade da floretina e o seu papel na inibição da absorção de glicose podem constituir uma base útil para os antivirais do ZIKV. Os resultados mostraram que a floretina diminuiu significativamente os títulos infecciosos de duas estirpes do ZIKV, nomeadamente MR766 (genótipo africano) e PRVABC59 (genótipo de Porto Rico). A concentração eficaz a 50% (CE_{50}) da floretina contra MR766 e	Lin et al. (2019)

	PRVABC59 foi de 22,85 µM e 9,31 µM, respetivamente.	

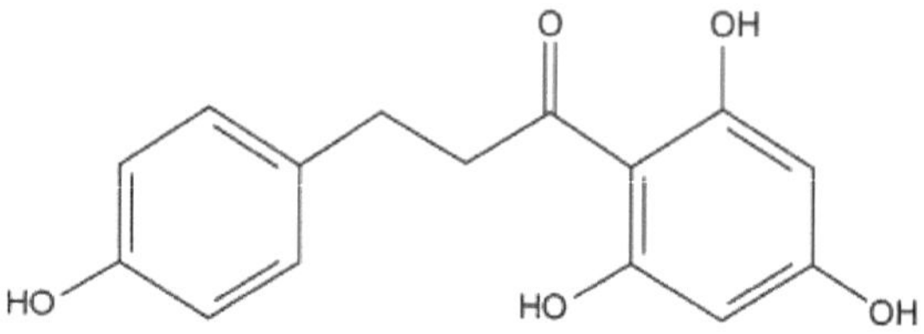

Figura 3- Estrutura química da floretina.

Baga de cinco sabores (Schisandra chinensis)

Os polissacarídeos e os lignanos são os principais componentes químicos activos da *Schisandra* (Yao *et al.*, 2014). Nove componentes foram encontrados na extração supercrítica de CO_2 de *S. chinensis*, e suas estruturas foram reconhecidas como schisandrin B, schisandrin C, schisandrin A, β-sitosterol, angeloyl-gomisin-H, daucosterol, 1,5-dimetil citrato e ácido shikimic (Yao *et al.*, 2014). Os componentes mais importantes deste medicamento natural são as vitaminas E e C, os lignanos e o óleo essencial das sementes, que são responsáveis por diferentes propriedades farmacêuticas (Yuan *et al.*, 2018). Outros componentes químicos importantes extraídos dos frutos de *S. chinensis* são Limoneno, β-Phellandrene, *p-Cymene*, γ-Terpinene, Terpinolene, Terpinen-4-ol, Éter metílico de timol, Acetato de Bornyl, α-Cubebene, β-Bourbonene, Sativen, β-Elemene, α-Santalene, α-Gurjunene, β-Farnesene, Caryophyllene, γ-Cainene, α-Cedrene, α-Bergamoteno, Epizonareno, α-Muuroleno, γ-Muuroleno, β-Chamigreno, α-Himachaleno, Acoradieno, β-Cadineno, Isoledeno, Cupareno, Nerolidol, Calameneno, hidrocarbonetos monoterpenos, hidrocarbonetos sesquiterpenos e monoterpenos oxigenados (Choi *et al.*, 2006; Dai *et al.*, 2006; Chen *et al.*, 2011). A schisandrina A tem efeitos anticancerígenos e proteção do fígado; a schisandrina B demonstrou proteção do fígado, propriedades antialérgicas e anticarcinogénicas; a γ-esquisandrina exerceu proteção do fígado e impactos anticarcinogénicos; A schiandrina C pode proteger o fígado com propriedades anticarcinogénicas, anti-HIV e anti-hepatite; a gomisina N tem actividades anti-proliferativas, células HepG2 pró-apoptose, actividades anti-HIV, anti-hepatite e anticarcinogénicas (Panossian e Wikman, 2008; Oh *et al.*, 2010; Lee *et al.*, 2012).

Epigalocatequina-3-galato (EGCG), Epigalocatequina (EC) e Epicatequina-3-falato (ECG)

A epigalocatequina-3-galato é o polifenol do chá mais abundante, seguido de outros polifenóis, nomeadamente catequina, epicatequina, epicatequina-3-galato e epigalocatequina (Chu et al., 2017). O galato de epigalocatequina (EGCG), também conhecido como epigalocatequina-3-galato, é um flavonoide polifenólico do chá (*Camellia sinensis*) que possui várias actividades farmacológicas, tais como anticancerígena, antimicrobiana e antioxidante (Suresh et al, 2011; Steinmann et al., 2013; El-Rahman et al., 2017; Ayyildiz et al., 2018; Bartosikova e Necas, 2018; Arun et al., 2019; Chatterjee et al., 2019; Hajipour et al., 2020; Tauber et al., 2020). Seu efeito neuroprotetor contra lesões neurais e doenças neurodegenerativas também é relatado (Kian et al., 2019; Khalatbary e Khademi, 2020). Pode também melhorar os danos proteicos e lipídicos induzidos pela hepatotoxina, etanol (Kaviarasan et al., 2008). Os transportadores de EGCG também são adequados para a sua ampla aplicação na indústria alimentar (Ruta et al., 2018; Chen et al., 2019; Pan et al., 2019; Nilsuwan et al., 2020; Yang et al., 2020). O mecanismo de interação do EGCG e da α-glicosidase natural (SCG) pode ser benéfico para o desenvolvimento de alimentos funcionais para prevenir a diabetes (Dai et al., 2020), ou desenvolver materiais de embalagem activos e amigos do ambiente para a indústria alimentar (Ruan et al., 2019). A sua importância no tratamento do cancro deve-se à sua origem natural, segurança e baixo custo, mas o EGCG consegue a sua baixa biodisponibilidade com várias limitações importantes nos estudos do EGCG, que são o desenho do estudo, o viés experimental, os resultados inconsistentes e a reprodutividade entre diferentes coortes de estudo (Aggarwal et al., 2020). Pode aumentar a potência de vários quimioterápicos, como a doxorrubicina, a cisplantação e o tamoxifeno, in vivo e in vitro, em muitos cancros (Zhang et al., 2019), e um adjuvante adequado para potenciar as terapias anti-glioma (Le et al., 2018). EGCG pode ajudar a aliviar as anormalidades de oócitos induzidas por parationa metílica (Hegde et al., 2020). Wu et al. (2019) mostraram que o galato de epicatequina é um potencial inibidor da α-amilase e da α-glicosidase, o que indica sua importância como suplemento nutricional para a prevenção do diabetes mellitus. Os seus derivados de ácidos gordos são utilizados para a prevenção e tratamento de infecções virais (Kaihatsu et al., 2018). Ling et al. (2012) introduziram o EGCG como um agente quimiopreventivo novo e seguro para a infeção por influenza A. O EGCG foi considerado apropriado como procedimentos de criopreservação em garanhões com esperma de baixa qualidade e possivelmente equino, para evitar ou minimizar danos ao DNA e preservar a integridade da membrana plasmática do esperma e a atividade mitocondrial (Nouri et al., 2018). O EGCG pode melhorar o desempenho do crescimento e aliviar os danos oxidantes, modulando as propriedades antioxidantes dos frangos de corte (Xue et al., 2017; Abd El-Hack et al., 2020). Os impactos farmacológicos mais importantes da EGCG são apresentados no Quadro 4. A fórmula estrutural do galato de epigalocatequina (EGCG) é apresentada na Figura 4.

Quadro 4- Os efeitos farmacológicos mais importantes da EGCG.

EGCG	Função	Referência
Efeito de autoxidação	*A EGCG pode levar à formação de espécies reactivas de oxigénio. *O seu mecanismo baseia-se na formação de EGCG quinona, EGCG dimer quinona e outros compostos relacionados, e a formação de produtos autoxidados pode contribuir para a inibição da fibrilhação. *Verificou-se que as EGCG formam adutos covalentes com resíduos de cisteiniltiol nas proteínas através da	Hong et al. (2002) Hou et al. (2005) Naasani et al. (2003) Sang et al. (2005) Sang et al. (2007) Ishii et al. (2008) Mori et al. (2010) Tanaka et al. (2011) Liu et al. (2017) Ghosh et al. (2013)

	autoxidação, modulando subsequentemente a função das proteínas, o que pode ser aplicado no tratamento do cancro gástrico humano. *A estabilidade e a autoxidação do EGCG estão relacionadas com o pH, a temperatura, os iões metálicos, os níveis de antioxidantes, os níveis de oxigénio, a concentração de ECGC e outros ingredientes no chá.	
Os seus efeitos no tratamento da doença de Alzheimer' s (AD), da doença de Parkinson' s (PD) e da doença de Huntington' s (HD)	*A EGCG tem efeitos na DA através do stress oxidativo, da alteração da neurogénese e da neuroinflamação. *A EGCG suprimiu a produção de Aβ e reduziu a inflamação, o stress oxidativo e a apoptose celular. *A EGCG também pode aumentar as proteínas adaptadoras de autofagia NDP52 e p62. O EGCG reduz os níveis de Aβ, aumentando a proteólise andógena da APP e diminuindo a translocação nuclear de c-Abl.	Rochet e Lansbury (2000) Sacchettini e Kelly (2002) Taylor et al. (2002) Dobson (2003) Rezai-Zadeh et al. (2005) Ehrnoefer et al. (2008) Lin et al. (2009) Chang et al. (2015) Chesser et al. (2016) Wei et al. (2016) Cascella et al. (2017)

	*As EGCG induzem um aumento das proteínas adaptadoras chave da autofagia, NDP52 e P62. *A EGCG regula a ferroportação de ferro na substância negra, reduz o stress oxidativo e exerce um efeito de resgate contra os défices funcionais e neutroquímicos induzidos pela 1-metil-4-fenil-1,2,3,6-tetrahidropiridina (MPTP). *A DA, a DP e a DH são causadas por desdobramento de proteínas resultante da proteína amiloide, que é um polímero fibroso rico em folhas β, formado pela auto-montagem de proteínas de diferentes sequências, estruturas e funções.	Xu et al. (2017) Zhang et al. (2017)
Atividade antitumoral	*A introdução de 6-metoxicabonilo no epigalocatequina-3-galato (EGCG) é eficaz contra as células HCC827-Gef resistentes ao gefitinib, o que pode melhorar as suas actividades antitumorais.	Liu et al. (2020)

Atividade antiviral	*Possui actividades antivirais para muitos vírus, como o vírus da imunodeficiência humana (VIH), o vírus do herpes simplex (VHS), o vírus da gripe (GRIP) e o vírus da hepatite C (VHC), inibindo a entrada do vírus na célula hospedeira. *O EGCG pode bloquear a ligação da gp 120 do VIH-1 ao recetor CD4 e suprimir a infiltração/ativação de macrófagos na mucosa rectal dos macacos. Assim, o EGCG pode ser considerado como um microbiocida novo, seguro e económico para prevenir a transmissão sexual do VIH-1.	Song et al. (2005) Isaacs et al. (2008) Nance et al. (2009) Li et al. (2011) Calland et al. (2012) Kaihatsu et al. (2018) Liu et al. (2018) Li et al. (2020)
Efeito anti-fibrose	*A EGCG pode inibir a ativação e a proliferação de células estreladas hepáticas e a síntese de colagénio, num modelo de rato. *A EGCG pode reduzir a atividade da MMP-2 e tem um efeito antifibrose através da regulação negativa da expressão do ARNm da	Sakata et al. (2004) Higashi et al. (2005) Nakamuta et al. (2005) Zhen et al. (2007) Yasuda et al. (2009) Kitamura et al. (2012)

	MMP-2.	
	*A ECGCG pode também inibir o NF-κB para inverter o processo de fibrose peritoneal.	
Atividade antimicrobiana	*O enxaguamento com solução de EGCG pode reduzir os níveis de estreptococos mutans e de lactobacilos na cavidade oral das crianças. *Pode aumentar a atividade de eliminação do radical DPPH e a atividade de inibição enzimática contra a α-amilase e a α-glucosidase, o que demonstra os seus efeitos antibacterianos. *A aplicação de EGCG pode desempenhar um papel importante no comportamento celular e ser benéfica para a terapia endodôntica regenerativa devido ao agente de reticulação antibacteriano do EGCG e à diferenciação de células da polpa dentária humana (hDPCs) cultivadas em suportes de colagénio.	Nakayama et al. (2015) Kwon et al. (2017) Huang et al. (2020) Vilela et al. (2020)
EGCC contra	*Possui actividades fungicidas contra	Okubo et al. (1991)

fungos	*Trichophyton mentagrophytes, T. rubrum, Cryptococcus neoformans* e *C. albicans*. *Tem atividade contra *T. mentagrophytes*. *Os EGCG aumentam sinergicamente o potencial antifúngico dos fármacos azólicos, o que pode ser útil na prevenção do desenvolvimento de resistência aos fármacos, na redução da dosagem dos fármacos e na minimização dos efeitos adversos.	Toyoshima et al. (1994) Hirasawa e Takada (2004) Park et al. (2006) Navarro-Martinez et al. (2006) Evensen e Braun (2009) Behbehani et al. (2019)
EGCG contra bactérias	*A EGCG tem efeitos antimicrobianos contra bactérias que causam doenças de origem alimentar, sendo as bactérias mais conhecidas a *Escherichia coli, Helicobacter pylori, Bacillus stearothermophilus, Clostridium thermoaceticum, Helicobacter pylori, Salmonella typhi* e *Bacillus cereus*.	Okubo et al. (1998) Mabe et al. (1999) Sugita-Konishi et al. (1999) Sakanaka et al. (2000) Yanagawa et al. (2003) Yoda et al. (2004) Friedman et al. (2006) Lee et al. (2009) Cui et al. (2012)
EGC contra os	*VHC, VIH1, VHB,	Imanishi et al.

vírus	VHS-1/VHS-2, VEB, adenovírus, vírus da gripe, enterovírus. *Para o VHC, o efeito inibitório é a entrada do vírus por interferência com a ligação às células-alvo. *Para o VIH-1, os efeitos inibitórios são a inibição da integrase, a inibição da RT, a destruição de viriões por ligação ao envelope, a ligação de CD4 e a interferência com a ligação de gp 120. *Para o VHB, os efeitos inibitórios são a expressão de antigénios, o ADN extracelular do VHB e o cccDNA. *Para o HSV-1/HSV-2, os efeitos inibitórios são danos e inativação dos viriões, provavelmente por ligação às proteínas do envelope. *Para o EBV, os efeitos inibitórios são a inibição da transcrição dos genes imediatos Rta, Zta e EA-D. *Para o adenovírus, os efeitos inibitórios são a inativação das partículas	(2002) Chang et al. (2003) Weber et al. (2003) Song et al. (2005) Xu et al. (2008) Isaacs et al. (2008) Ho et al. (2009) Calland et al. (2012) Chen et al. (2012) Nance et al. (2009) Jiang et al. (2010) He et al. (2011) Isaacs et al. (2011) Li et al. (2011)

	virais, a inibição do crescimento intracelular do vírus e da protease viral. *No caso do vírus da gripe, os efeitos inibitórios são a alteração da integridade física das partículas virais e a inibição da entrada por ligação à hemaglutinina. *Para o enterovírus, os efeitos inibitórios são a supressão da replicação viral através da modulação do meio redox celular.	
Atividade antioxidante	*O gllato de palmitol-epigalocatequina (p-EGCG), um derivado do éster do ácido palmítico do galato de epigalocatequina, pode ser um potencial antioxidante e contribuir para a conservação de alimentos à base de óleos ou gorduras comestíveis.	Liu et al. (2019)
Efeito anti-inflamatório	*A EGCG pode melhorar a inflamação das vias respiratórias induzida pela OVA, aumentando a produção de IL-10, o número de células Treg CD4$^+$	Nagai et al. (2002) Tedeschi et al. (2004) Kim et al. (2006) Yang e Shang

	CD25$^+$ Foxp3$^+$ e a expressão de Foxp3 mRNA no tecido pulmonar e pode ser recomendada para o tratamento da asma. *A ECGC inibe a transfecção de NF-κB e AP-1 para reduzir a expressão de iNOS e COX-2 principalmente através da eliminação de NO, peroxinitrito e outras ROS/RNS e diminui a produção de factores inflamatórios para mostrar os efeitos anti-inflamatórios. *O ECGC pode inibir as espécies, e foi referido que o ECGC pode inibir a produção de IL-8 das células do epitélio da passagem respiratória, o que pode reduzir a gravidade da resposta inflamatória da passagem respiratória.	(2019)
Anti-angiogénese	*A EGCG pode inibir o crescimento tumoral e a angiogénese, o que está possivelmente envolvido na intervenção de sinalização das vias MAPK/ERK1/2 e PI3K/AKT/HIF-	Annabi et al. (2003) Sakamoto et al. (2013) Hashimoto et al. (2014) Wang et al. (2019) Takita et al. (2002)

| | 1α/VEGF, que se supõe ser um reagente terapêutico potencial para o tratamento anti-angiogénico de tumores sólidos.

*A modificação da metilação da posição 3″ do EGCG (MethylEGCG) pode reduzir os efeitos do crescimento celular a uma baixa concentração in vivo.

*A EGCG pode prevenir a maioria dos fenómenos celulares e moleculares induzidos pela IR. | Shankar et al. (2013)

Liao et al. (2020) |
| **Efeitos antioxidantes** | *O β-1g modificado com EGCG possui um grande potencial antioxidante em termos de eliminação do radical DPPH e de quelação do ião ferroso. *O β-1g modificado com EGCG tem um efeito protetor contra a peroxidação do LDL e mostra os seus benefícios para a saúde como antioxidante.

*Os anéis de fenol na estrutura do EGCG actuam como armadilhas de electrões das espécies reactivas de oxigénio e reduzem os | Rice-Evans et al. (1996)

Chung et al. (2004)

Tipoe et al. (2007)

Meng et al. (20080

Sabetkar et al. (2008)

Tao et al. (2019) |

	danos causados pelo stress oxidativo. *É relatado que o EGCG pode inibir eficazmente a nitração da proteína tirosina induzida pelo stress oxidativo nas plaquetas sanguíneas e, como antioxidante, pode melhorar a função das mitocôndrias.	
Anti-obesidade	*O galato de epigalocatequina liga-se aos receptores humanos activados por proliferadores de peroxissoma gama (PPAR) gama no seu local ativo e bloqueia a sua atividade, podendo este modo de ação ser útil para o desenvolvimento da luta contra a obesidade.	McKay et al. (2007) Javaid et al. (2018)
Os seus efeitos contra o cancro da mama	*As formulações conjugadas com péptidos possuem grande citotoxicidade e grande capacidade de sobrevivência e a redução do volume tumoral em ratinhos tratados com péptidos conjugados mostra que a EGCG é um novo sistema de administração de	Thangapazham et al. (2007) Braicu et al. (2013) Carneiro et al. (2016) Radhakrishnan et al. (2019)

	fármacos na terapia do cancro da mama.	
Efeito anti-vírus Zika	*A EGCG pode inibir a entrada do ZIKV nas células hospedeiras	Carneiro et al. (2016) Sharma et al. (2017)
Promoção da osteogénese	*EGCG na concentração de 5µM tem influência nas hBMSCs.	Rodriguez et al. (2011) Jin et al. (2014)

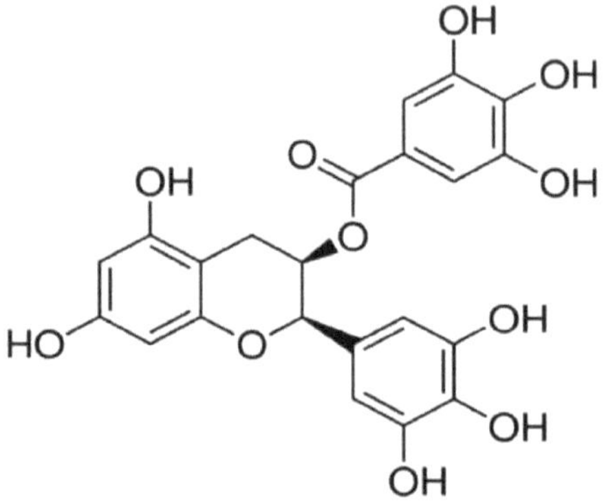

Figura 4- Fórmula estrutural do galato de epigalocatequina (EGCG).

Ajwain (*Trachyspermum ammi* L.)

Ajwain é uma erva anual da família Apiaceae, que cresce em solo seco e estéril nas suas regiões indígenas do Irão, Índia, Afeganistão e partes do norte de África. Toda a planta contém diferentes fitoquímicos, como chalconas, alcalóides, cumarinas, glicosídeos, flavonóides, esteróides, saponinas e taninos (Shahrajabian e Sun, 2023a; Sun e Shahrajabian, 2023). Os conteúdos de monoterpenos da ajwain são hidrocarbonetos e dois álcoois (Shahrajabian et al., 2020; Sun et al., 2024), e os principais monoterpenos foram α-felandreno, γ-terpineno, o-careno, p-mentha-1,3,8 trieno, β-pineno, β-mirceno, p-cumina-7-ol, cis-mirtenol e Ot-pineno (Shahrajabian et al., 2020). O principal componente das sementes é o timol (Soltani et al., 2018). Tem sido aplicado internamente como medicina popular doméstica para o remédio de constipação, tosse, diarreia, asma, cólera, gripe, e adequado para estimular o apetite, e altamente sugerido para curar o bom funcionamento do sistema respiratório, desconforto estomacal e rins (Narendar e Khurana, 2018). Tanto o extrato aquoso bruto como o pó bruto das suas sementes tiveram impactos anti-helmínticos dependentes da dose (Gaba et al., 2018). Foi sugerido o potencial quimiopreventivo das suas sementes contra a carcinogénese para doses de 2%, 4% e 6% (Davazdahemami et al., 2011). Sua caraterística antioxidante pode ser devido à presença de timol e forte sinergismo entre todos os monoterpenos e monoterpenóides constituintes dos óleos essenciais (Kim et al., 2016; Ranjbaran et al., 2019; Kolbadinejad e Rezaeipour, 2020). O óleo essencial de Ajwain indicou efeitos antitermíticos (Khan e Jameel, 2018; Wahab et al., 2020) e efeitos nematicidas (Ramaswamy et al., 2010; Talebi et al., 2020; Bouzid et al., 2022; Sakar et al., 2023). O cardo comum tem sido utilizado como especiaria em algumas cozinhas tradicionais e aplicado como salada ou legume. Na medicina tradicional, as suas raízes são adstringentes, tónicas, antiflogísticas, diuréticas e hepáticas, bem como a sua aplicação para a dor de dentes. O alho selvagem é adequado no tratamento de doenças crónicas, trata problemas de estômago, melhora a saúde do coração, tem efeitos antibacterianos e benefícios notáveis para o colesterol elevado e a tensão arterial. As sementes de líchia podem ter várias funções benéficas no domínio da tecnologia alimentar e da farmácia. As folhas de lichia têm muitos benefícios farmacológicos, tais como atividade anti-inflamatória e analgésica, efeitos anti-oxidantes e hepatoprotectores. As suas flores têm atividade cardiovascular, propriedades antioxidantes, anti-lipase e citotoxicidade. As sementes têm demonstrado atividade anticancerígena, antioxidante, propriedades antivírus, reduzem os níveis de açúcar no sangue e de lípidos. As propriedades dos frutos são a atividade de inibição da aldose redutase, a atividade hepatoprotectora, as caraterísticas antivirais e os efeitos anti-inflamatórios. Os cinco ingredientes importantes das bagas de cinco sabores são a Schisandrina A, a Schisandrina B, a Schisandrina C, a Gomisina N e a γ-Schisandrina. O Ajwain é uma fonte rica de fenólicos e voláteis, apresentando propriedades antioxidantes e anticolinesterásicas significativas. O timol é o principal componente das sementes e tem diferentes benefícios farmacológicos, como actividades antifúngicas, antibacterianas, antioxidantes, anti-inflamatórias, citotóxicas, antibacterianas, anti-helmínticas e nematicidas. As sementes podem ser utilizadas como sialagogo, estimulante, carminativo, estomacal, anti-hipertensivo, antissético, antiparasitário, antiespasmódico, antiescorbútico, vermicida, digestivo, antissético e emenagogo. As plantas medicinais tradicionais e as ervas aromáticas desempenham um papel importante nos sistemas alimentares e na agricultura sustentável, e oferecem abordagens significativas para a prevenção e o tratamento de muitas doenças. São necessários mais estudos para mostrar as funções dos produtos naturais destas importantes plantas medicinais para melhorar as ciências farmacêuticas numa vida orgânica.

Contribuições dos autores: W.S.: redação - preparação do rascunho original e edição; M.H.S.: redação - preparação do rascunho original e edição. Todos os autores leram e concordaram com a versão publicada do manuscrito.

Financiamento: Esta investigação foi financiada pela Fundação de Ciências Naturais de Pequim, China (Subvenção n.º M21026). Esta investigação foi também apoiada pelo Programa Nacional de I&D da China (subvenção de investigação 2019YFA0904700).

Declaração do Conselho de Revisão Institucional: Não aplicável.

Declaração de consentimento informado: Não aplicável.

Declaração de disponibilidade de dados: Não aplicável.

Conflitos de interesse: Os autores declaram não haver conflito de interesses.

Referências

1- Abad-Javier, M. E., Cajero-Juarez, M., Nunez-Anita, R. E., e Contreras-Garcia, M. E. 2019. Efeito da funcionalização de colágeno tipo I e vitamina D3 de andaimes biomiméticos de bioglass na condensação de hidroxiapatita. Jornal da Sociedade Europeia de Cerâmica. 39(12); 3505-3512. https://doi.org/10.1016/j.jeurceramsoc.2019.02.050

2- Adachi, E., Hayashi, T., e Hashimoto, P. H. 1989. Provas de microscopia imunoelectrónica de que o colagénio de tipo V é um colagénio fibrilar: importância para uma capacidade de agregação da preparação para reconstituir fibrilhas de bandas. Matrix. 9(3): 232-237. https://doi.org/10.1016/S0934-8832(89)80055-1

3- Adamiak, K., e Sionkowska, A. 2022. A influência da irradiação UV em filmes de colagénio de pele de peixe na presença de xanthohumol e propanediol. Spectrochimica Ata Parte A: Espectroscopia Molecular e Biomolecular. 282: 121652. https://doi.org/10.1016/j.saa.2022.121652

4- Adler, S. G., Feld, S., Striker, L., Striker, G., LaPage, J., Esposito, C., Aboulhosn, J., Barba, L., Cha, D. R., Nast, C. C. 2000. Glomerular type IV collagen in patients with diabetic nephtopathy with and without additional glomerular disease. Kidney International. 57(5) 2084-2092. https://doi.org/10.1046/j.1523-1755.2000.00058.x

5- Alshammari, A., e Amar, S. 2019. Proposta para um novo modelo murino de periodontite humana usando *Porphyromonas gingivalis* e injeções de anticorpos de colágeno tipo II. The Saudi Dental Journal. 31(2); 181-187. https://doi.org/10.1016/j.sdentj.2019.02.043

6- Agarwal, G., Agrawal, A. K., Fatima, A., e Srivastava, A. 2021. A análise da tomografia de raios X revela a influência do grafeno na morfologia porosa dos criogéis de colagénio. Micron. 150: 103127. https://doi.org/10.1016/j.micron.2021.103127

7- Agren, M. S., Schnabel, R., Christensen, L. H., e Mirastschijski, U. 2015. A degradação acelerada do fator de necrose tumoral-α do colágeno tipo I na pele humana está associada à metaloproteinase de matriz elevada (MMP) -1 e MMP-3 ex vivo. Jornal Europeu de Biologia Celular. 94(1): 12-21. https://doi.org/10.1016/j.ejcb.2014.10.001

8- Ahmed, R., Getachew, A. T., Cho, Y.-J., e Chun, B.-S. 2018. Aplicação de proteases colagenolíticas bacterianas para a extração de colágeno tipo I da pele do atum patudo (*Thunnus obesus*). LWT. 89: 44-51. https://doi.org/10.1016/j.lwt.2017.10.024

9- Ahmed, M., Anand, A., Verma, A. K., e Patel, R. 2022. Auto-montagem in-vitro e propriedades antioxidantes do colagénio tipo I da pele de *Lutjanus erythropterus* e *Pampus argenteus*. Biocatálise e Biotecnologia Agrícola. 43: 102412. https://doi.org/10.1016/j.bcab.2022.102412

10- Akiyama, Y., Ito, M., Toriumi, T., Hiratsuka, T., Arai, Y., Tanaka, S., Futenma, T., Akiyama, Y., Yamaguchi, K., Azuma, A., Hata, K.-I., Natsume, N., e Honda, M. 2021. Potencial de formação óssea de partículas de péptido recombinante à base de colagénio tipo I em defeitos da calvária de ratos. Terapia regenerativa. 16: 12-22. https://doi.org/10.1016/j.reth.2020.12.001

11- Akram, A. N., e Zhang, C. 2020. Efeito da ultrassonografia sobre o rendimento, caraterísticas funcionais e físico-químicas do colágeno-II da cartilagem esternal de frango. Química alimentar. 307: 125544. https://doi.org/10.1016/j.foodchem.2019.125544

12- Alfieri, M., Barbaro, F., Consolini, E., Bassi, E., Dallatana, D., Bergonzi, C., Bianchera, A., Bettini, R., Toni, R. e Elviri, L. 2019. Um método de espetrometria de massa direcionado para rastrear os tipos de colágeno I-V na matriz extracelular 3D descelularizada da tireoide de ratos machos adultos. Talanta. 193: 1-8. https://doi.org/10.1016/j.talanta.2018.09.087

13- Alonso, M., Claros, S., Becerra, J., e Andrades, J. 2008. O efeito do colagénio tipo I na diferenciação osteocondrogénica em células estromais derivadas do tecido adiposo *in vivo*. Cytotherapy. 10(6): 597-610. https://doi.org/10.1080/14653240802242084

14- An, B., Li, Y.-S., Brodsky, B. 2016. Interações de colagem: Design e entrega de medicamentos. Adv Drug Deliv Rev. 1(97): 69-84. https://doi.org/10.10160/j.addr.2015.11.013

15- Andrade, L. R., Salles, F. T., Grati, Mohamed, Manor, U., e Kachar, B. 2016. As tectorinas reticulam as fibrilas de colagénio do tipo II e ligam a membrana tectorial ao limbo espiral. Jornal de Biologia Estrutural. 194(2): 139-146. https://doi.org/10.1016/j.jsb.2016.01.006

16- Anithabanu, P., Balasubramanian, S., Dayanidhi, D., Nandhini, T., e Vaidyanathan, V. G. 2022. Estudos de caraterização físico-química de colagénio marcado com complexo polipiridílico de Ru (II). Heliyon. 8(8): e10173. https://doi.org/10.1016/j.heliyon.2022.e10173

17- Ao, H.-Y., Xie, Y.-T., Yang, S.-B., Wu, X.-D., Li, K., Zheng, X.-B., e Tang, T.-T. 2016. O colagénio tipo I imobilizado covalentemente facilita a osteocondução e a osseointegração de implantes revestidos de titânio. Journal of Orthopaedic Translation. 5: 16-25. https://doi.org/10.1016/j.jot.2015.08.005

18- Apu, N., da Silva, A. R., Kalogeropoulos, K., Herrera, C.; Camacho, E., Rucavado, A., Gutierrez, J. M., Escalante, T. 2020. Interação de metaloproteinases de veneno de cobra com colágeno tipo IV: Papel dos diferentes domínios na licitação de alvos. Toxicon. 177(1), S51. https://doi.org/10.1016/j.toxicon.2019.12.109

19- Aggarwal, V., Tuli, H. S., Tania, M., Srivastava, S., Ritzer, E. E., Pandey, A., Aggarwal, D., Barwal, T. S., Jain, A., Kaur, G., Sak, K., Varol, M., e Bishayee, A. 2020. Mecanismos moleculares de ação do galato de epigalocatequina no cancro: Tendências recentes e avanços. Seminários em Biologia do Cancro.

20- Ahmad, A., Alkharfy, K. M., Jan, B. L., Ahad, A., Ansari, M. A., Al-Jenoobi, F. I., e Raish, M. 2020. O tratamento com timoquinona modula a via de sinalização Nrf2 / HO-1 e anula a resposta inflamatória em um modelo animal de fibrose pulmonar. Experimental Lung Research. 46(3-4): 53-63.

21- Ahn, Y. H., Hwang, Y., Liu, H., Wang, X. Y., Zhang, Y., Stephenson, K. K., Boroninac, T. N., Colec, R. N., Dinkova-Kostova, A. T., Talalay, P., e Cole, P. A. 2010. Afinação electrofílica do produto natural quimiprotector sulforafano. Proc. Natl. Acad. Sci. U. S. A. 107: 9590-9595.

22- Akbari, E., e Namazian, M. 2020. Sulforaphane: A natural prouct against reactive oxygen species. Computational and Theoretical Chemistry. 1183: 112850.

23- Akhondian, J., Kianifar, H., Raoofziaee, M., Moayedpour, A., Toosi, M. B., e Khajedaluee, M. 2011. O efeito da timoquinona em convulsões pediátricas intratáveis (estudo piloto). Epilepsy Research. 93(1): 39-43.

24- Al-Harbi, N. O., Nadeem, A., Ahmad, S. F., Al Thagfan, S. S., Alqinyah, M., Alqahtani, F., Ibrahim, K. E., e Al-Harbi, M. M. 2019. O tratamento com sulforafano reverte a resistência aos corticosteróides em um modelo de asma granulocítica de camundongo mized por regulação positiva de antioxidantes e atenuação das respostas imunes Th17 nas vias aéreas. European Journal of Pharmacology. 855: 276-284.

25- Al-Qubaisi, M. S., Rasedee, A., Flaifel, M. H., Eid, E. E. M., Al Ali, S. H., Alhassan, F. H., Salih, A. M., Hussein, M. Z., Zainal, Z., Sani, D., Aljumaily, A. H. e Saeed, M. I. 2019. Caracterização do complexo de inclusão de timoquinona / hidroxipropil-β-ciclodextrina: Aplicação às propriedades anti-alérgicas. Jornal Europeu de Ciências Farmacêuticas. 133: 167-182.

26- Alenzi, F. Q., El-Bolkiny, Y. E. S., e Salem, M. L. 2010. Efeitos protectores do óleo de Nigella sativa e da timoquinona contra a toxicidade induzida pelo medicamento anticancerígeno ciclofosfamida. British Journal of Biomedical Science. 67(1): 20-28.

27- Alhebshi, A. H., Odawara, A., Gotoh, M., e Suzuki, I. 2014. A timoquinona protege neurônios derivados de células-tronco pluripotentes induzidas por hipocampo e humanos em cultura contra danos à sinapse induzidos por α-sinucleína. Neuroscience Letters. 570: 126-131.

28- Aliomrani, M, Sepand, M. R., Mirzaei, H. R., Kazemi, A. R., Nekonam, S., e Sabzevari, O. 2016. Efeitos da floretina na reação oxidativa e inflamatória em modelo de rato de ligadura cecal e sepse induzida por punção. Revista DARU de Ciências Farmacêuticas. 24: 15.

29- Alkharashi, N. A. O., Periasamy, V. S., Athinarayanan, J., e Alshatwi, A. A. 2019. O sulforafano alivia a toxicidade induzida pelo cádmio em células-tronco mesenquimais humanas através da expressão dos genes POR e TNFSF10. Biomedicina e Farmacoterapia. 115: 108896.

30- Alkharfy, K. M., Ahmad, A., Jan, B. L., e Raish, M. 2018. A timoquinona reduz a mortalidade e suprime os marcadores inflamatórios agudos precoces da sepse em um modelo de camundongo. Biomedicina e Farmacoterapia. 98: 801-805.

31- Alobaedi, O. H., Talib, W. H., e Basheti, I. A. 2017. Efeito antitumoral da timoquinona combinada com resveratrol em camundongos transplantados com câncer de mama. Jornal do Pacífico Asiático de Medicina Tropical. 10(4): 400-408.

32- Amin, B., e Hosseinzadeh, H. 2016. Cominho preto (*Nigella sativa*) e seu constituinte ativo, timoquinona: uma visão geral dos efeitos analgésicos e anti-inflamatórios. Planta Med. 82: 8-16.

33- Ammar, E. S. M., Gameil, N. M., Shawky, N. M., e Nader, M. A. 2011. Avaliação comparativa das propriedades anti-inflamatórias da timoquinona e da curcumina utilizando um modelo murino asmático. Int. Immunopharmacol. 11: 2232-2236.

34- An, Y. W., Khang, K. A., Woo, S.-Y., Kang, J.-K., e Chong, Y. H. 2016. O sulforafano exerce seu efeito anti-inflamatório contra o peptídeo amiloide-β via desfosforilação de STAT-1 e ativação da cascata Nrf2 / HO-1 em macrófagos THP-1 humanos. Neurobiologia do Envelhecimento. 38: 1-10.

35- Annabi, B., Lee, Y.-T., Martel, C., Pilorget, A., Bahary, J.-P., e Beliveau, R. 2003. A tubulogénese induzida por radiação em células endoteliais é antagonizada pelas propriedades antiangiogénicas do polifenol do chá verde (-) epigalocatequina-3-galato. Biologia e Terapia do Cancro. 2(6): 642-649.

36- Arcidiacono, P., Stabile, A. M., Ragonese, F., Pistilli, A., Calvieri, S., Bottoni, U., Crisanti, A., Spaccapelo, R., e Rende, M. 2018. As atividades anticarcinogênicas do sulforafano são influenciadas pelo fator de crescimento nervoso nas células A375 do melanoma humano. Toxicologia alimentar e química. 113: 154-161.

37- Arjumand, S., Shahzad, M., Shabbir, A., e Yousaf, M. Z. 2019. A timoquinona atenua a artrite reumatoide, regulando negativamente os níveis de expressão de TLR2, TLR4, TNF-α- IL-1 e NFκB. Biomedicina e Farmacoterapia. 111: 958-963.

38- Arun, K. G., Sharanya, C. S., Abhithaj, C. S., e Sadasivan, C. 2019. Insights bioquímicos e computacionais da inibição da adenosina desaminase pelo galato de epigalocatequina. Biologia Computacional e Química. 83: 107111.

39- Aslan, M., Afsar, E., Kirimlioglu, E., Ceker, T., e Yilmaz, C. 2020. Efeitos antiproliferativos da timoquinona nas células de cancro da mama MCF-7 e do fígado HepG2: possível papel da ceramida e do stress ER. Nutrição e Cancro. DOI: 10.1080/01635581.2020.1751216

40- Aslam, H., Shahzad, M., Shabbir, A., e Irshad, S. 2018. Efeito imunomodulador da timoquinona na dermatite atópica. Mol. Immunol. 101: 276-283.

41- Attoub, S., Sperandio, O., Raza, H., Arafat, K., Al-Salam, S., Al Sultan, M. A., Al Safi, M., Takahashi, T., e Adem, A. 2013. A timoquinona como agente anticancerígeno: evidências da inibição da viabilidade e invasão das células cancerígenas in vitro e do crescimento tumoral in vivo. Fund. Clin. Pharmacol. 27: 557-569.

42- Ayyildiz, S. S., Karadeniz, B., Sagcan, N., Bahar, B., Us, A. A., e Alasalvar, C. 2018. Otimização dos parâmetros de extração do galato de epigalocatequina usando água quente convencional e métodos assistidos por ultrassom do chá verde. Processamento de Alimentos e Bioprodutos. 111: 37-44.

43- Aziz, N., Son, Y.-J., e Cho, J. 2018. A timoquinona suprime a expressão mediada por IRF-3 de interferões do tipo I através da supressão de TBK1. Int J Mol Sci. 19(5): 1355.

44- Badary, O. A., e Gamal El-Din, A. M. 2001. Efeitos inibitórios da timoquinona contra a tumorigénese de fibrossarcoma induzida por 20-metilcolantreno. Cancer Detect Prev. 25: 362-368.

45- Badary, O. A., Taha, R. A., Gamal El-Din, A. M., e Abdel-Wahab, M. H. 2003. A timoquinona é um potente eliminador de aniões superóxido. Drug Chem Toxicol. 26: 87-98.

46- Balaha, M., Kandeel, S., e Kabel, A. 2018. A floretina, sozinha ou em combinação com a duloxetina, alivia a neuropatia diabética induzida por STZ em ratos. Biomedicina e Farmacoterapia. 101: 821-832.

47- Banerjee, S., Kaseb, A. O., Wang, Z., Kong, D., Mohammad, M., Padhye, S., Sarkar, F. H., Mohammad, R. M. 2009. A atividade antitumoral da gemcitabina e da oxaliplatina é aumentada pela timoquinona no cancro pancreático. Canc Res. 69: 5575-5583.

48- Banerjee, S., Padhye, S., Azmi, A., Wang, Z., Philip, P. A., Kucuk, O., Sarkar, F. H., e Mohammad, R. M. 2010. Revisão sobre o potencial molecular e terapêutico da timoquinona no cancro. Nutrição e cancro. 62(7): 938-946.

49- Bano, F., Ahmed, A., Parveen, T., e Haider, S. 2014. Efeitos ansiolíticos e hiperlocomotivos do extrato aquoso de sementes de *Nigella sativa* L. em ratos. Jornal Paquistanês de Ciências Farmacêuticas. 27(5): 1547-1552.

50- Barnawi, J., Tran, H. B., Roscioli, Hodge, G., Jersmann, H., Haberberger, R., e Hodge, S. 2016. 2016. Os efeitos pró-fagocíticos da timoquinona em macrófagos expostos à fumaça do cigarro ocorrem pela modulação do sistema de sinalização da esfingosina-1-fosfato. COPD: Journal of Chronic Obstructive Pulmonary Disease. 13(5): 653-661.

51- Barreca, D., Bellocco, E., Caristi, C., et al. 2011. Sumo de Kumquat (*Fortunella japonica* Swingle): distribuição de flavonóides e propriedades antioxidantes. Food Res Int. 44: 2190-2197.

52- Barreca, D., Bellocco, E., Caristi, C., et al. 2013. Propriedades flavonoides e antioxidantes de frutas pertencentes aos géneros *Annona* e Citrus. Tropical and subtropical fruits: flavors, color, and health benefits (Frutas tropicais e subtropicais: sabores, cores e benefícios para a saúde). Sociedade Americana de Química. 103-119.

53- Bartosikova, L., e Necas, J. 2018. Galato de epigalocatequina: uma revisão. Medicina Veterinária. 63(10); 443-467.

54- Bashmail, H. A., Alamoudi, A. A., Noorwali, A., Hegazy, G. A., Ajabnoor, G., Choudhry, H., e Al-Abd, A. M. 2018. A timoquinona sinergiza a atividade anti-câncer de mama da gemcitabina através da modulação de suas atividades apoptóticas e autofágicas. Relatórios Científicos. 8: 11674.

55- Behbahani, J. M., Irshad, M., Shreaz, S., e Karched, M. 2019. Efeitos sinérgicos do polifenol do chá epigalocatequina 3-O-galato e medicamentos azólicos contra isolados orais de Candida. Journal de Mycologie Medicale. 29(2): 158-167.

56- Behzad, S., Sureda, A., Barreca, D., Nabavi, S. F., Rastrelli, L., e Nabavi, S. M. 2017. Efeitos da floretina na saúde: da química à medicina. Revisão de Fitoquímica. 16: 527-533.

57- Bessler, H., e Djaldetti, M. 2018. Brócolis e saúde humana: efeito imunomodulador do sulforafano em um modelo de câncer de cólon. Jornal Internacional de Ciências Alimentares e Nutrição. 69(8): 946-953.

58- Bhattacharya, S., Ghosh, A., Maiti, S., Ahir, M., Debnath, G. H., Gupta, P., Bhattacharjee, M., Ghosh, S., Chattopadhyay, S., Mukherjee, P., e Adhikary, A. 2020. Entrega de timoquinona através de nanopartículas plurônicas mistas decoradas com ácido hialurônico para atenuar a angiogênese e a metástase do câncer de mama triplo-negativo. Journal of Controlled Release. 322: 357-374.

59- Braicu, C., Gherman, C. D., Irimie, A., e Berindan-Neagoe, I. 2013. A epigalocatequina-3-galato (EGCG) inibe a proliferação celular e o comportamento migratório de células de cancro da mama triplo negativo. Jornal de Nanociência e Nanotecnologia. 13(1): 632-637.

60- Bule, M., Nikfar, S., Amini, M., e Abdollahi, M. 2020. O efeito antidiabético da timoquinona: Uma revisão sistemática e meta-análise de estudos em animais. Food Research International. 127: 108736.

61- Burnett, J. P., Lim, G., Li, Y., Shah, R. B., Lim, R., Paholak, H. J., McDermott, S. P., Sun, L., Tsume, Y., Bai, S., Wicha, M. S., Sun, D., e Zhang, T. 2017. O sulforafano aumenta a atividade anticancerígena dos taxanos contra o cancro da mama triplo negativo, matando as células estaminais cancerígenas. Cartas do cancro. 394: 52-64.

62- Bagavandoss, P. 2014. Expressão temporal de tenascina-C e colagénio tipo I em resposta a gonadotrofinas no ovário de rato imaturo. Ata Histochemica. 116(7): 1125-1133. https://doi.org/10.1016/j.acthis.2014.05.007

63- Bagi, C. M., Berryman, E. R., Teo, S., e Lane, N. E. 2017. A administração oral de colágeno nativo não desnaturado de frango tipo II (UC-II) diminuiu a deterioração da cartilagem articular em um modelo de rato de osteoartrite (OA). Osteoartrite e Cartilagem. 25(12): 2080-2090. https://doi.org/10.1016/j.joca.2017.08.013

64- Bai, Y., Zhang, J., Xu, J., Cui, L., Zhang, H., e Zhang, S. 2015. Alteração do colagénio tipo I na artéria radial ou em doentes com doença renal em fase terminal. O Jornal Americano de Ciências Médicas. 349(4): 292-297. https://doi.org/10.1097/MAJ.0000000000000408

65- Baidoo, N., Sanger, G. J., e Belai, A. 2022. A vulnerabilidade da *taenia coli* humana às alternâncias no colagénio total no cólon dos idosos. Ata Histochemica. 124(8): 151958. https://doi.org/10.1016/j.acthis.2022.151958

66- Balancin, M. L., Teodoro, W. R., Baldavira, C. M., Prieto, T. G., Farhat, C., Velosa, A. P., Souza, P. D. C., Yaegashi, L. B., AbSaber, A. M., Takagaki, T. Y., e Capelozzi, V. L. 2020. Diferentes padrões histológicos dos níveis de colagénio tipo V conferem um microambiente tecidular de matrizes-privilegiadas para invasão em tumores malignos com valor prognóstico. Pathology-Research and Practice. 216(12): 153277. https://doi.org/10.1016/j.prp.2020.153277

67- Bao, Z., Gao, M., Fan, X., Cui, Y., Yang, J., Peng, X., Xian, M., Sun, Y., e Nian, R. 2020. Desenvolvimento e caraterização de um colágeno tipo I funcionalizado foto-cross-linked (*Oreochromis niloticus*) e hidrogel de diacrilato de polietilenoglicol. Jornal Internacional de Macromoléculas Biológicas. 155: 163-173. https://doi.org/10.1016/j.ijbiomac.2020.03.210

68- Barascuk, N., Veidal, S. S., Larsen, L., Larsen, D. V., Larsen, M. R., Wang, J., Zheng, Q., Xing, R., Cao, Y., Rasmussen, L. M., e Karsdal, M. A. 2010. Um novo ensaio para a remodelação da matriz extracelular associada à fibrose hepática: Um ensaio de imunoabsorção enzimática (ELISA) para um neo-epítopo de colagénio de tipo III revelado proteoliticamente pela MMP-9. Clinical Biochemistry. 43(10-11): 899-904. https://doi.org/10.1016/j.clinbiochem.2010.03.012

69- Barascuk, N., Vassiliadis, E., Larsen, L., Wang, J., Zheng, Q., Xing, R., Cao, Y., Crespo, C., Lapret, I., Sabatini, M., Villeneuve, N., Vilaine, J.-P., Rasmussen, L. M., Register, T. C., e Karsdal, M. A. 2011. Desenvolvimento e validação de um ensaio de imunoabsorção enzimática para a quantificação de um fragmento específico de degradação mediada por MMP-9 do colagénio de tipo III - um novo biomarcador da remodelação da placa aterosclerótica. Clinical Biochemistry. 44(10-11): 900-906. https://doi.org/10.1016/j.clinbiochem.2011.04.004

70- Bay-Jensen, A. C., Kjelgaard-Petersen, C. F., Petersen, K. K., Arendt-Nielsen, L., Quasnichka, H. L., Mobasheri, A., Karsdal, M. A., e Leeming, D. J. 2018. A degradação da agrecanase do colagénio tipo III está associada à dor clínica no joelho. Bioquímica Clínica. 58: 37-43. https://doi.org/10.1016/j.clinbiochem.2018.04.022

71- Belloni, A., Furlani, M., Greco, S., Notarstefano, V., Pro, C., Randazzo, B., Pellegrino, P., Zannotti, A., Carpini, G. D., Ciavattini, A., Lillo, F. D., Giorgini, E., Giuliani, A., Cinti, S., e Ciarmela, P. 2022. Leiomioma uterino como modelo útil para desvendar o estado morfométrico e macromolecular do colagénio e o seu comprometimento em doenças fibróticas: Um estudo ex-vivo em humanos. Biochimica et Biophysica Ata (BBA)-Molecular Basis of Disease. 1868(12): 166494. https://doi.org/10.1016/j.bbadis.2022.166494

72- Berchtold, S., Grunwald, B., Kruger, A., Reithmeier, A., Hahl, T., Cheng, T., Feuchtinger, A., Born, D., Erkan, M., Kleeff, J., e Esposito, I. 2015. O colagénio tipo V promove o fenótipo maligno do adenocarcinoma ductal pancreático. Cancer Letters. 356(Part B): 721-732. https://doi.org/10.1016/j.canlet.2014.10.020

73- Bihlet, A. R., Bjerre-Bastos, J. J., Byrjalsen, I., Andersen, J. R., Bay-Jensen, A.-C., Pelletier, J.-P., Pelletier, J. M., e Karsdal, M. A. 2019. Biomarcadores séricos elevados de renovação inflamatória dos tipos de colágeno III e VI predizem perda rápida de cartilagem. Osteoartrite e Cartilagem. 27(1):S104-S105. https://doi.org/10.1016/j.joca.2019.02.155

74- Birk, D. E. 2001. Colagénio de tipo V: interações heterotípicas de colagénio de tipo I/V na regulação da montagem de fibrilhas. Micron. 32(3): 223-237. https://doi.org/10.1016/S0968-4328(00)00043-3

75- Blotta, R. M., Costa, S. D. S., Trindade, E. N., Meurer, L., e Maciel-Trindade, R. 2018. Colagénio I e III em mulheres com diástase recti. Clinics. 73: e319. https://doi.org/10.6061/clinics/2018/e319

76- Bogin, O., Kvansakul, M., Rom, E., Singer, J., Yayon, A., Hohenester, E. 2002. Insight into Schmid metaphyseal chondrodysplasia from the crystal structure of the collagen X NC1 domain trimer. Structure. 10(2): 165-173. https://doi.org/10.1016/S0969-2126(02)00697-4

77- Bonod-Bidaud, C., Roulet, M., Hansen, U., Elsheikh, A., Malbouyres, M., Ricard-Blum, S., Faye, C., Vaganay, E., Rousselle, P., Ruggiero, F. 2012. Evidência *in vivo* de um papel de ponte de um subtipo de colagénio V na interface epiderme-derme. Journal of Investigative Dermatology. 132(7): 1841-1849. https://doi.org/10.1038/jid.2012.56

78- Boosani, C. S., Sudhakar, A. 2006. Clonagem, purificação e caraterização de um domínio proteico anti-angiogénico não colagénico do colagénio humano α1 tipo IV expresso em células Sf9. Protein Expression and Purification. 49(2), 211-218. https://doi.org/10.1016/j.pep.2006.03.007

79- Boraschi-Diaz, I., Mort, J. S., Bromme, D., Senis, Y. A., Mazharian, A., e Komarova, S. V. 2018. Os fragmentos de degradação do colágeno tipo I atuam através do recetor de colágeno LAIR-1 para fornecer um feedback negativo para a formação de osteoclastos. Bone. 117: 23-30. https://doi.org/10.1016/j.bone.2018.09.006

80- Boudko, S. P., Engel, J., Okuyama, K., Mizuno, K., Bachinger, H. P., e Schumacher, M. A. 2008. A estrutura cristalina do colagénio humano tipo III Gly - Gly[9911032] peptídeo contendo nó de cistina mostra simetrias helicoidais triplas 7/2 e 10/3. Journal of Biological Chemistry. 283(47): 32580-32589. https://doi.org/10.1074/jbc.M805394200

81- Braun, R. K., Martin, A., Shah, S., Iwashima, M., Medina, M., Byrne, K., Sethupathi, P., Wigfield, C. H., Brand, D. D., e Love, R. B. 2010. Inibição da fibrose pulmonar induzida pela bleomicina através do pré-tratamento com colagénio tipo V. The Journal of Heart and Lung Transplantation. 29(8): 873-880. https://doi.org/10.1016/j.healun.2010.03.012

82- Breuls, R. G. M., Klumpers, D. D., Everts, V., e Smit, T. H. 2009. O colagénio tipo V modula o comportamento dos fibroblastos em função da rigidez do substrato. Biochemical and Biophysical Research Communications. 380(2): 425-429. https://doi.org/10.1016/j.bbrc.2009.01.110

83- Brewitz, L., Onisko, B. C., Schofield, C. J. 2022. Análises proteómicas e bioquímicas combinadas redefinem o requisito de sequência de consenso para a hidroxilação do domínio semelhante ao fator de crescimento epidérmico. Journal of Biological Chemistry. 298(8): 102129. htps://doi.org/10.1016/j.jbc.2022.102129

84- Brisson, B. K., Stewart, D. C., Burgwin, C., Chenoweth, D., Wells, R. G., Adams, S. L., e Volk, S. W. 2022. O domínio rico em cisteína do N-propeptídeo de colágeno tipo III inibe a ativação de fibroblastos atenuando a sinalização de TGFβ. Matrix Biology. 109: 19-33. https://doi.org/10.1016/j.matbio.2022.03.004

85- Brodsky, B., Persikov, A. V. 2005. Estrutura molecular da tripla hélice de colagénio. Adv Protein Chem. 70: 301-339. https://doi.org/10.1016/s0065-3233(05)70009-7

86- Bronckers, A. L. J. J., Gay, S., Lyaruu, D. M., Gay, R. E., e Miller, E. J. 1986. Localização do colagénio tipo V com anticorpos monoclonais no desenvolvimento de tecidos dentários e peridentais do rato e do hamster. Collagen and Related Research. 6(1): 1-13. https://doi.org/10.1016/S0174-173X(86)80029-2

87- Burrows, N. P., Nicholls, A. C., Yates, J. R. W., Gatward, G., Sarathachandra, P., Richards, A., e Pope, F. M. 1996. O gene que codifica o colagénio a1(V) (COL5A1) está ligado à síndrome mista de Ehlers-Danlos tipo I/II. Journal of Investigative Dermatology. 106(6): 1273-1276. https://doi.org/10.1111/1523-1747.ep12348978

88- Cabral, W. A., Fratzl-Zelman, N., Weis, M. A., Perosky, J. E., Alimasa, A., Harris, R., Kang, H., Makareeva, E., Barnes, A. M., Roschger, P., Leikin, S., Klaushofer, K., Forlino, A., Backlund, P. S., Eyre, D. R., Kozloff, K. M., e Marini, J. C. 2020. A substituição do local de 3-hidroxilação do colagénio A1 do tipo I murino altera a estrutura da matriz, mas não recapitula a displasia óssea da osteogénese imperfeita. Matrix Biology. 90: 20-39. https://doi.org/10.1016/j.matbio.2020.02.003

89- Cai, L., Fritz, D., Steganovic, L., e Stefanovic, B. 2010. Binding of LARP6 to the conserved 5$^/$ stem-loop regulates translation of mRNAs encoding type I collagen. Journal of Molecular Biology. 395(2): 309-326. https://doi.org/10.1016/j.jmb.2009.11.020

90- Cai, L., Fritz, D., Steganovic, L., e Stefanovic, B. 2010. Síntese de colagénio tipo I dependente de miosina não muscular. Journal of Molecular Biology. 401(4): 564-578. https://doi.org/10.1016/j.jmb.2010.06.057

91- Cai, W.-Q., Zeng, L.-S., Wang, L.-F., Wang, Y.-Y., Cheng, J.-T., Zhang, Y, Han, Z.-W., Zhou, Y., Huang, S.-L., Wang, X.-W., Peng, X.-C., Xiang, Y., Ma, Z., Cui, S.-Z., Xin, H.W. 2020. As últimas batalhas entre os anticorpos monoclonais EGFR e as células tumorais resistentes. Front Oncol. 10: 1249. https://doi.org/10.3389/fonc.2020.01249

92- Cao, H., e Xu, S.-Y. 2008. Purificação e caraterização do colagénio de tipo II da cartilagem esternal de pinto. Química Alimentar. Food Chemistry. 108(2): 439-445. https://doi.org/10.1016/j.foodchem.2007.09.022

93- Casali, T. G., Paiva, C. D. C., Rodrigues, M. N., Silva, C. E. S., Figueiredo, A. A. D., Bessa, J. D., Bastos, A. N., Castanon, M. C. M. N., e Netto, J. M. B. 2019. O estradiol tópico aumenta a espessura epidérmica e o colágeno dérmico do prepúcio antes da cirurgia de hipospadia - Estudo randomizado controlado duplo-cego. Jornal de Urologia Pediátrica. 15(4): 346-352. https://doi.org/10.1016/j.jpurol.2019.05.014

94- Calland, N., Albecka, A., Belouzard, S., Wychowski, C., Duverlie, G., Descamps, V., Hober, D., Dubuisson, J., Rouille, Y., e Seron, K. 2012. (-)-Epigallocateching-3-gallate é um novo inibidor da entrada do vírus da hepatite C. Hepatology. 55: 720-729.

95- Carneiro, B. M., Batista, M. N., Braga, A. C. S., Nogueira, M. L., e Rahal, P. 2016. A molécula de chá verde EGCG inibe a entrada do vírus Zika. Virologia. 496: 215-218.

96- Cascella, M., Bimonte, S., Muzio, M. R., Schiavone, V., e Cuomo, A. 2017. A eficácia da epigalocatequina-3-galato (chá verde) no tratamento da doença de Alzheimer' s: uma visão geral dos estudos pré-clínicos e perspectivas translacionais na prática clínica. Agentes Infecciosos e Cancro. 12: 36.

97- Chae, I. G., Song, N.-Y., Kim, D.-H., Lee, M.-Y., Park, J.-M., e Chun, K.-S. 2020. A timouinona induz a apoptose das células Caki-1 do carcinoma renal humano, inibindo JAK2/STAT3 através de um efeito pró-oxidante. Food and Chemical Toxicology. 139: 111253.

98- Chaieb, K., Kouidhi, B., Jrah, H., Mahdouani, K., e Bakhrouf, A. 2011. Atividade antibacteriana da timoquinona, um princípio ativo da *Nigella sativa* e a sua potência para prevenir a formação de biofilme bacteriano. BMC Complement Altern Med. 13(11): 29.

99- Chang, L. K., Wei, T. T., Chiu, Y. F., Tung, C. P., Chuang, J. Y., Hung, S. K., et al. 2003. Inhibition of Epstein-Barr virus lytic cycle by (-)-epigallocatechin gallate. Biochem Biophys Res Commun. 301: 1062-1068.

100- Chang, W.-T., Huang, W.-C., e Liou, C.-J. 2012. Avaliação dos efeitos anti-inflamatórios da floretina e da clorizina em macrófagos de rato estimulados por lipopolissacarídeos. Química Alimentar. 134: 972-979.

101- Chang, X., Rong, C., Chen, Y., et al. 2015. (-)-Epigalocatequina-3-galato atenua a deterioração cognitiva em ratinhos modelo da doença de Alzheimer᾽s através da regulação positiva da expressão da neprilisina. Exp Cell Res. 334(1): 136-145.

102- Chatterjee, T. N., Das, D., Roy, R. B., Tudu, B., Hazarika, A., Sabhapondit, S., Tamuly, P., e bandyopadhyay, R. 2019. Desenvolvimento de um elétrodo baseado em polímero de impressão molecular decorado com nanopetal de hidróxido de níquel para deteção sensível de epigalocatequina-3-galato no chá verde. Sensores e Actuadores B: Químicos. 283: 69-78.

103- Checker, R., Gambhir, L., Thoh, M., Sharma, D. e Sandur, S. K. 2015. O sulforafano, um isotiocianato de ocorrência natural, exibe efeitos anti-inflamatórios, visando as vias GSK3β / Nrf-2 e NF-κB nas células T. Journal of Functional Foods. 19: 426-438.

104- Chehl, N., Chipitsyna, G., Gong, Q., Yeo, C. J., e Arafat, H. A. 2009. Efeitos anti-inflamatórios do extrato de sementes de *Nigella sativa*, thymoquinone, em células de cancro pancreático. HPB. 11(5): 373-381.

105- Chen, C., Qiu, H., Gong, J., Liu, Q., Xiao, H., Chen, X. W., et al. 2012. (-)-Epigalocatequina-3-galato inibe o ciclo de replicação do vírus da hepatite C. Arch Virol 157: 1301-1312.

106- Chen, Y., Chen, J.-Q., Ge, M.-M., Zhang, Q., Wang, X.-Q., Zhu, J.-Y., Xie, C.-F., Li, X.-T., Zhong, C.-Y., e Han, H.-Y. 2019. O sulforafano inibe a transição epitelial-mesenquimal ativando a quinase 5 regulada por sinal extracelular em células de câncer de pulmão. O Jornal de Bioquímica Nutricional. 72: 108219.

107- Chen, Q., Lv, R., Muhammad, A. I., Guo, M., Ding, T., Ye, X., e Liu, D. 2019. Fabrico de transportador de (-)-epigalocatequina-3-galato com base em isolado de proteína de soro de leite glicosilado obtido por reação de Maillard de ultra-sons. Ultrasonics Sonochemistry. 58: 104678.

108- Chesser, A. S., Ganeshan, V., Yang, J., e Johnson, G. V. 2016. Epigalocatequina-3-galato aumenta a depuração de tau fosforilada em neurónios primários. Nutr Neurosci. 19(1); 21-31.

109- Cho, S.-D., Li, G., Hu, H., Jiang, C., Kang, K.-S., Lee, Y.-S., Kim, S.-H., e Lu, J. 2005. Envolvimento de c-Jun N-terminal kinase em G_2 /M arrest e apoptose mediada por caspase induzida por sulforafano em células de cancro da próstata DU145. Nutrition and Cancer. 52(2): 213-224.

110- Choi, B.-M., Chen, X. Y., Gao, S. S., Zhu, R., e Kim, B.-R. 2011. Efeito antiapoptótico da floretina na apoptose induzida por cisplatina em células auditivas HEI-OC1. Relatórios Farmacológicos. 63(3): 708-716.

111- Chu, C., Deng, J., Man, Y., e Qu, Y. 2017. O chá verde extrai epigalocatequina-3-galato para diferentes tratamentos. BioMed Research International. Aricle ID 5615647, 9 páginas.

112- Chung, J. E., Kurisawa, M., Kim, Y.-J., Uyama, H., e Kobayashi, S. 2004. Amplificação da atividade antioxidante da catequina por policondensação com acetaldeído. Biomacromolecules. 5(1): 113-118.

113- Cierpiatl, T., Kielbasinski, P., Kwiatkowska, M., Lyzwa, P., Lubelska, K., Kuran, D., Dabrowka, A., Kruszewska, H., Mielczarek, L., Chilmonczyk, Z., e Wiktorska, K. 2020. Análogos fluoroarílicos de sulforafano - Um grupo de compostos de atividade anticâncer e antimicrobiana. Bioorganic Chemistry. 94: 103454.

114- Cobourne-Duval, M. K., Taka, E., Mendonça, P., e Soliman, K. F. A. 2018. A timoquinona aumenta a expressão de proteínas neuroprotetoras enquanto diminui a expressão de citocinas pró-inflamatórias e a expressão gênica dos alvos de sinalização da via NFκB em células de microglia BV-2 ativadas por LPS? IFNγ. Journal of Neuroimmunology. 320: 87-97.

115- Costa, J. G., Keser, V., Jackson, C., Saraiva, N., Guerreiro, I., Almeida, N., Camões, S. P., Manguinhas, R., Castro, M., Miranda, J. P., Fernandes, A. S., e Oliveira, N. G. 2020. Uma abordagem de múltiplos parâmetros revela potenciais propriedades anticancerígenas in vitro da timoquinona em células de carcinoma renal humano. Food and Chemical Toxicology. 136: 111076.

116- Cox, A. G., Gurusinghe, S., Rahman, R. A., Leaw, B., Chan, S. T., Mockler, J. C., Murthi, P., Marshall, S. A., Lim, R. e Wallace, E. M. 2019. O sulforafano melhora a função endotelial e reduz o estresse oxidativo da placenta in vitro. Hipertensão na gravidez. 16: 1-10.

117- Cseh, R., e Benz, R. 1999. Interação da floretina com monocamadas lipídicas: relação entre alterações estruturais e alterações do potencial dipolar. 77: 1477-1488.

118- Cui, Y., Oh, Y. J., Lim, J., Youn, M., Lee, I., Pak, H. K., et al. 2012. Estudo AFM dos efeitos inibitórios diferenciais do polifenol do chá verde (-) -epigalocatequina-3-galato (EGCG) contra bactérias gram-positivas e gram-negativas. Food Microbiol. 29: 80-87.

119- Cui, D., Liu, S., Tang, M., Lu, Y., Zhao, M., Mao, R. Wang, C., Yuan, Y., Li, L., Chen, Y., Cheng, J., Lu, Y., e Liu, J. 2020. A floretina melhora a disfunção renal crônica induzida por hiperuricemia por meio da inibição do inflamassoma NLRP3 e da reabsorção de ácido úrico. Phytomedicine. 66: 153111.

120- Chan, D., Cole, W. G., Rogers, J. G., Bateman, J. F. 1995. A montagem de multímeros de colagénio tipo X *in vitro* é impedida por uma mutação de Gly[618] para val no domínio α1(X) NC1, resultando em condrodisplasia metafisária de Schmid. Journal of Biological Chemistry. 270(9): 4558-4562. https://doi.org/10.1074/jbc.270.9.4558

121- Chandrasekaran, P., Kwok, B., Han, B., Adams, S. M., Wang, C., Chery, D. R., Mauck, R. L., Dyment, N. A., Lu, X. L., Frank, D. B., Koyama, E., Birk, D. E., e Han, L. 2021. O colágeno tipo V regula a estrutura e a biomecânica da cartilagem condilar da ATM: Um híbrido fibro-hialino. Matrix Biology. 102: 1-19. https://doi.org/10.1016/j.matbio.2021.07.002

122- Chanut-Delalande, H., Fichard, A., Bernocco, S., Garrone, R., Hulmes, D. J. S., Ruggiero, F. O controlo da formação de fibrilas heterotípicas pelo colagénio V é determinado pela estequiometria da cadeia. Journal of Biological Chemistry. 276(26): 24352-24359. https://doi.org/10.1074/jbc.M101182200

123- Charytan, D., MacDonald, B., Sugimoto, H., Pastan, S., Staton, G., Hennigar, R., Kalluri, R. 2005. Um caso invulgar de síndrome pulmonar-renal associado a defeitos na composição do colagénio tipo IV e autoanticorpos anti- membrana basal glomerular. American Journal of Kidney Diseases. 45(4): 743-748. https://doi.org/10.1053/j.ajkd.2004.12.022

124- Chavarry, N. G. M., Perrone, D., Farias, M. L. F., Santos, B. C. D., Domingos, A. C., Schanaider, A., e Feres-Filho, E. J. 2019. O alendronato melhora a densidade óssea e o acúmulo de colágeno tipo I, mas aumenta a quantidade de pentosidina no alvéolo dentário de cicatrização de coelhos ovariectomizados. Bone. 120: 9-19. https://doi.org/10.1016/j.bone.2018.09.022

125- Chen, Y., Satoh, T., Sasatomi, E., Miyazaki, K., Tokunaga, O. 2001. Critical role of type IV collagens in the growth of Bile duct carcinoma: *In vivo* and *in vitro* studies. Pathology-Research and Practice. 197(9), 585-596. https://doi.org/10.1078/0344-0338-00132

126- Chen, E. A., Li, Y.-S. 2019. Usando peptídeos sintéticos e colágeno recombinante para entender as interações DDR-colágeno. Pesquisa Celular. 1866(11): 118458. https://doi.org/10.1016/j.bbamcr.2019.03.005

127- Chen, Y., Kim, J., Yang, S., Wang, H., Wu, C.-J., Sugimoto, H., LeBleu, V. S. e Kalluri, R. 2021. Deleção de colágeno tipo I em αSMA[+] miofibroblastos aumentam a supressão imunológica e aceleram a progressão do câncer pancreático. Célula de Câncer. 39(4): 548-565. https://doi.org/10.1016/j.ccell.2021.02.007

128- Chen, S., Hong, Z., Wen, H., Hong, B., Lin, R., Chen, W., Xie, Q., Le, Q., Yi, R., e Wu, H. 2022. Caraterísticas composicionais e estruturais do colagénio tipo I solúvel em pepsina das escamas do peixe tambor vermelho, *Sciaenops ocellatus*. Food Hydrocolloids. 123: 107111. https://doi.org/10.1016/j.foodhyd.2021.107111

129- Chen, Y., Yang, S., Tavormina, J., Tampe, D., Zeisberg, M., Wang, H., Mahadevan, K. K., Wu, C.-J., Sugimoto, H., Chang, C.-C., Jenq, R. R., McAndrews, K. M., Kalluri, R. 2022. Homotrimeros de colágeno I oncogênico de células cancr se ligam à integrina α3β1 e impactam o microbioma tumoral e a imunidade para promover o câncer pancreático. Cancer Cell. 40(8): 818-834. https://doi.org/10.1016/j.ccell.2022.06.011

130- Cheng, Y.-X., Xu, W.-B., Dong, W.-R., Zhang, Y.-M., Li, B.-W., Chen, D.-Y., Xiao, Y., Guo, X.-L., Shu, M.-A. 2022. Identificação e análise funcional do recetor do fator de crescimento epidérmico (EGFR) de *Scylla paramamosain*: A primeira evidência de dois genes EGFR em animais e o seu envolvimento na defesa imunitária contra a infeção por agentes patogénicos. Molecular Immunology. 151: 143-157. https://doi.org/10.1016/j.molimm.2022.08.004

131- Chi, N., Lozo, S., Rathnayake, R. A. C., Botros-Brey, S., Ma, Y., Damaser, M., e Wang, R. R. 2022. Distinctive structure, composition and biomchanics of collagen fibrils in vaginal wall connective tissues associated with pelvic organ prolapse (Estrutura distinta, composição e biomecânica das fibrilas de colagénio nos tecidos conjuntivos da parede vaginal associados ao prolapso dos órgãos pélvicos). Ata Biomaterialia. 152: 335-344. https://doi.org/10.1016/j.actbio.2022.08.059

132- Chiang, T. M., Seyer, J. M., Kang, A. H. 1993. Interação colagénio-plaquetas: Sítios receptores separados para o colagénio dos tipos I e III. Thrombosis Research. 71(6): 443-456. https://doi.org/10.1016/0049-3848(93)90118-8

133- Chintala, S. K., Sawaya, R., Gokaslan, Z. L., e Rao, J. S. 1996. O efeito do colagénio tipo III na migração e invasão de linhas celulares de glioblastoma humano *in vitro*. Cancer Letters. 102(1-2): 57-63. https://doi.org/10.1016/0304-3835(96)04163-8

134- Chiyao, M., Iwata, T., Webb, T. J., Vasko, M. R., Thompson, E. L., Heidler, K. M., Cummings, O. W., Yoshida, S., Fujisawa, T., Brand, D. D., Wilkes, D. S. 2008. O silenciamento dos receptores S1P1 regula a imunobiologia mediada por linfócitos reactivos de colagénio-V no pulmão transplantado. Asian Journal of Transplantation. 8(3): 537-546. https://doi.org/10.1111/j.1600-6143.2007.02116.x

135- Choi, J.-H., Lee, J.-H., Roh, K.-H., Seo, S.-K., Choi, I.-W., Park, S.-G., Lim, J.-G., Lee, W.-J., Kim, M.-H., Cho, K.-R., e Kim, Y.-J. 2014. O nitrato de gálio melhora a artrite induzida por colagénio tipo II em ratos. Imunofarmacologia Internacional. 20(1): 269-275. https://doi.org/10.1016/j.intimp.2014.03.005

136- Chung, H. J., Jensen, D. A., Gawron, K., Steplewski, A., Fertala, A. 2009. A substituição R992C (p.R1192C) no colagénio II altera a estrutura das moléculas mutantes e induz a resposta proteica desdobrada. Journal of Molecular Biology. 390(2): 306-318. https://doi.org/10.1016/j.jmb.2009.05.004

137- Cicek, M., Tumer, M. K., e Unsal, V. 2020. Um estudo dos músculos da mastigação: Alterações relacionadas com a idade na expressão do colagénio tipo I e da metaloproteinase-2 da matriz. Arquivos de Biologia Oral. 109: 104583. https://doi.org/10.1016/j.archoralbio.2019.104583

138- Claassen, H., Schluter, M., Schunke, M., e Kurz, B. 2006. Influência do 17β-estradiol e da insulina no colagénio de tipo II e na síntese de proteínas dos condrócitos articulares. Bone. 39(2): 310-317. https://doi.org/10.1016/j.bone.2006.02.067

139- Clark, A. G., Worni-Schudel, I. M., Korte, F. M., Foster, M. H. 2017. Um transgene de cadeia leve de Ig murino revela contribuições do gene IGKV3 para especificidades anti-colágeno tipos IV e II. Imunologia Molecular. 91: 49-56. https://doi.org/10.1016/j.molimm.2017.08.015

140- Clarke, C. J., Berg, T. J., Birch, J., Ennis, D., Mitchell, L., Cloix, C., Campbell, A., Sumpton, D., Nixon, C., Campbell, K., Bridgeman, V. L., Vermeulen, P. B., Foo, S., Kostaras, E., Jones, J. L., Haywood, L., Pulleine, E., Yin, H., e Norman, J. C. 2016. O inibidor metionina tRNA impulsiona a secreção de colágeno tipo II de fibroblastos estromais para promover o crescimento do tumor e a angiogênese. Biologia Atual. 26(6): 755-765. https://doi.org/10.1016/j.cub.2016.01.045

141- Cohen, A. J., Lakshmi, T. R., Niu, Z., Trindade, J., Billings, P. C., e Adams, S. L. 2002. A novel noncollagenous protin encoded by an alternative transcript of the chick type III collagen gene is expressed in cartilage, bone and muscle. Mechanisms of Development. 114(1-2): 177-180. https://doi.org/10.1016/S0925-4773(02)00053-9

142- Cohen, A. H. 2012. Glomerulopatias de colagénio tipo III. Avanços na doença renal crónica. 19(2): 101-106. https://doi.org/10.1053/j.ackd.2012.02.017

143- Conrozier, T., Ferrand, F., Poole, A. R., Verret, C., Mathieu, P., Ionescu, M., Vincent, F., Piperno, M., Spiegel, A., e Vignon, E. 2007. Diferenças nos biomarcadores de colagénio tipo II na osteoartrite atrófica e hipertrófica da anca: implicações para as diferentes patologias. Osteoarthritis and Cartilage. 15(4); 462-467. https://doi.org/10.1016/j.joca.2006.09.002

144- Creely, J. J., DiMari, S. J., Howe, A. M., Hyde, C. P., e Haralson, M. A. 1990. Effects of epidermal growth fator on collagen synthesis by an epithelioid cell line derived from normal rat kidney. Am J Pathol. 136(6): 1247-1257. https://doi.org/10.1165/ajrcmb/4.5.455

145- Cross, V. L., Zheng, Y., Choi, N. W., Verbridge, S. S., Sutermaster, B. A., Bonassar, L. J., Fischbach, C., e Stroock, A. D. 2010. Matrizes densas de colagénio de tipo I que suportam a remodelação celular e a microfabricação para estudos de angiogénese tumoral e vasculogénese *in vitro*. Biomaterials. 31(33): 8596-8607. https://doi.org/10.1016/j.biomaterials.2010.07.072

146- D' hondt, S., Guillemyn, B., Syx, D., Symoens, S., Rycke, R. D., Vanhoutte, L., Toussaint, W., Lambrecht, B. N., Paepe, A. D., Keene, D. R., Ishikawa, Y., Bachinger, H. P., Janssens, S., Bertrand, M. J. M., e Malfait, F. 2018. O colágeno tipo III afeta a fibrilogênese do colágeno dérmico e vascular e a integridade do tecido em um modelo de camundongo transgênico *Col3a1* mutante. Biologia da Matriz. 70: 72-83. https://doi.org/10.1016/j.matbio.2018.03.008

147- Dabrowska-Gralak, M., Sadlo, J., Gluszewski, W., Lyczko, K., Przybytniak, G., e Lewandowska, H. 2022. O efeito combinado da humidade e da irradiação por feixe de electrões no colagénio tipo I - implicações para dispositivos à base de colagénio. Materialstoday Communications. 31: 103255. https://doi.org/10.1016/j.mtcomm.2022.103255

148- Dai, T., Li, T., He, X., Liu, C., Chen, J., e McClements, D. J. 2020. Análise da interação inibitória entre o galato de epigalocatequina e a alfa-glucosidase: Um estudo de espetroscopia e simulação molecular. Spectrochimica Ata Parte A: Espectroscopia Molecular e Biomolecular. 230: 118023.

149- Darakhshan, S., Bidmeshki Pour, A., Hosseinzadeh Colagar, A., e Sisakhtnezhad, S. 2015. Thymoquinone e seus potenciais terapêuticos. Investigação Farmacológica. 95-96: 138-158.

150- De Jonge, P. C., Wieringa, T., Van Putten, J. P. M., Michiel, H., Krans, J., e Van Dam, K. 1983. Phloretin- an uncoupler and inhibitor of mitochondrial oxidative phosphorylation. Biochimica et biophysica Ata (BBA)- Bioenergetics. 722(1): 219-225.

151- Dobson, C. M. 2003. Dobragem e dobragem de proteínas. Nature. 426(6968): 884-890.

152- Decker, S., Taschauer, A., Geppl, E., Prihofer, V., Schauer, M., Poschl, S., Kopp, F., Richter, L., Ecker, G. F., Sami, H., Ogris, M. 2022. Conceção de lignad peptídica baseada na estrutura para uma melhor entrega de genes direcionados para o recetor do fator de crescimento epidérmico. European Journal of Pharmaceutics and Biopharmaceutics. 176: 211-221. https://doi.org/10.1016/j.ejpb.2022.05.004

153- Dedroog, L. M., Deschaume, O., Abrego, C. J. G., Koos, E., Coene, Y. D., Vananroye, A., Thielemans, W., Bartic, C., e Lettinga, M. P. 2022. Alinhamento do fluxo de cisalhamento controlado por tensão de sistemas de hidrogel de colagénio tipo I. Ata Biomaterialia. 150: 128-137. https://doi.org/10.1016/j.actbio.2022.07.008

154- Delacoux, F., Fichard, A., Geourjon, C., Garrone, R., Ruggiero, F. 1998. Caraterísticas moleculares do local de ligação do colagénio V à heparina. Journal of

Biological Chemistry. 273(24): 15069-15076. https://doi.org/10.10174/jbc.273.24.15069

155- Deming, L., Ziwei, L., Xueqiang, G., Cunshuan, X. 2015. Restauração da metilação CpG na região promotora de *Egf* durante a regeneração do fígado de ratos. Cell J. 17(3): 576-581. https://doi.org/10.22074/cellj.20155.20

156- Deshpande, A. S., Fang, P.-A., Simmer, J. P., Margolis, H. C., Beniash, E. 2010. As interações amelogenina-colagénio regulam a mineralização do fosfato de cálcio *in vitro*. Journal of Biological Chemistry. 285(25): 19277-19287. https://doi.org/10.1074/jbc.M109.079939

157- Ding, Y., Tang, T., Feng, Y., Yuan, M., Li, H., e Yuan, M. 2022. Síntese e caraterização de hidrogel de rede semi-interpenetrante de olagénio-poliacrilamida de alta resiliência. Materialstoday Communications. 32: 103955. https://doi.org/10.1016/j.mtcomm.2022.103955

158- Donmez, G., Doral, M. N., Suljevic, S., Sargon, M. F., Bilgili, H., e Demirel, H. A. 2016. Efeitos da imobilização e da vibração de corpo inteiro no volume de negócios do colagénio tipo I do soro de rato. Ata Orthopaedica et Traumatologica Turcica. 50(4): 452-457. https://doi.org/10.1016/j.aott.2016.07.007

159- Douglas, T., Heinemann, S., Mietrach, C., Hempel, U., Bierbaum, S., Scharnweber, D., Worch, H. 2007. Interações dos tipos de colagénio I e II com os sulfatos de condroitina A-C e o seu efeito na adesão dos osteoblastos. Biomacromolecules. 8(4): 1085-1092. https://doi.org/10.21/bm0609644

160- Dubey, K., e Kar, K. 2014. O colagénio de tipo I impede a agregação amiloide da lisozima de clara de ovo de galinha. Comunicações de Investigação Bioquímica e Biofísica. 448(4): 48-484. https://doi.org/10.1016/j.bbrc.2014.04.135

161- Duner, P., Goncalves, I., Grufman, H., Edsfeldt, A., To, F., Nitulescu, M., Nilsson, J., Bengtsson, E. 2015. Aumento da modificação de aldeído do colágeno tipo IV em placas sintomáticas - uma possível causa de disfunção endotelial. Atherosclerosis. 240(1), 26-32. https://doi.org/10.1016/j.atherosclerosis.2015.02.043

162- Durga, R., Jimenez, N., Ramanathan, S., Suraneni, P., e Pestle, W. J. 2022. Utilização da análise termogravimétrica para estimar os teores de colagénio e hidroxiapatite em ossos arqueológicos. Journal of Archaeological Science. 145: 105644. https://doi.org/10.1016/j.jas.2022.105644

163- Engl, T., Boost, K. A., Leckel, K., Beecken, W.-D., Jonas, D., Oppermann, E., Auth, M. K. H., Schaudt, A., Bechstein, W.-O., e Blaheta, R. A. 2004. A fosforilação do recetor do fator de crescimento dos hepatócitos e do recetor do fator de crescimento epidérmico dos hepatócitos humanos pode ser mantida num sistema de cultura em sanduíche de colagénio (3D). Toxicologia in Vitro. 18(4): 527-532. https://doi.org/10.1016/j.tiv.2004.01.010

164- Engstrom, A., Gillesberg, F. S., Jensen, A.-C. B., Karsdal, M. A., e Thudium, C. S. 2022. A compressão dinâmica inibe a degradação do colagénio tipo II mediada por citocinas. Osteoartrite e Cartilagem Aberta. 4(4): 100292. https://doi.org/10.1016/j.ocarto.2022.100292

165- Eriksen, H. A., Pajala, A., Leppilahti, J., e Risteli, J. 2002. Aumento do conteúdo de colagénio tipo III no local de rutura do tendão de Acilles humano. Journal of

Orthopaedic Research. 20(6): 1352-1357. https://doi.org/10.1016/S0736-0266(02)00064-5

166- Effenberger-Neidnicht, R., e Schobert, R.2011. Efeitos combinatórios da timoquinona na atividade anti-cancerígena da doxorrubicina. Canc. Chemother. Pharmacol. 67: 867-874.

167- Ehrnhoefer, D. E., Bieschke, J., Boeddrich, A., et al. 2008. EGCG redirecciona os polipéptidos amiloidogénicos para oligómeros não estruturados fora da via. Nature Structural and Molecular Biology. 15(6): 558-566.

168- Elbarby, F., Ragheb, Y., Marfleet, T., e Shoker, A. 2012. Modulação de enzimas hepáticas metabolizadoras de drogas por doses dietéticas de timoquinona em coelhos brancos da Nova Zelândia. Phyother Res. 26: 1726-1730, PMID: 22422469.

169- El Gazzar, M., El Mezayen, R., Nicolls, M. R., Marecki, J. C., e Dreskin, S. C. 2006a. A regulação negativa da biossíntese de leucotrienos pela timoquinona atenua a inflamação das vias respiratórias num modelo de rato de asma alérgica. Biochim Biophys Ata. 1760: 1088-1095.

170- El Gazzar, M., El Mezayen, R., Marecki, J. C., Nicolls, M. R., e Canastar, S. C. 2006. Dre-skin, efeito anti-inflamatório da timoquinona num modelo de rato de inflamação pulmonar alérgica. Int Immunopharmacol. 6: 1135-1142.

171- El Mezayen, R., El Gazzar, M., Nicolls, M. R., Marecki, J. C., Dreskin, S. C., e Nomiyama, H. 2006. Effect of thymoquinone of cyclooxygenase expression and prostaglandin production in a mouse model of allergic airway inflammation. Immunol Lett. 106: 72-81.

172- El Najjar, N., Chatila, M., Moukadem, H., Vuorela, H., Ocker, M., Gandesiri, M., et al. 2010. As espécies reactivas de oxigénio medeiam a apoptose induzida pela timoquinona e activam a sinalização ERK e JNK. Apoptosis. 15: 183-195.

173- El Rahman, S. S. A., Shehab, G., e Nashaat, H. 2017. Epigalocatequina-3-Galato: O direcionamento prospetivo de células-tronco cancerígenas e a prevenção de metástases de câncer mamário induzido quimicamente em ratos. O Jornal Americano de Ciências Médicas. 354(1): 54-63.

174- Evensen, N. A., e Braun, P. C. 2009. Os efeitos dos polifenóis do chá na *Candida albicans*: inibição da formação de biofilme e inativação do proteassoma. Can J Microbiol. 55: 1033-1039.

175- Fakhria, A., Gilani, S. J., Imam, S. S., e Chandrakala. 2019. Formulação de nano vesículas de quitosana carregadas com timoquinona: Avaliação in vitro e avaliação anti-hiperlipidémica in vivo. Jornal de Ciência e Tecnologia de Entrega de Medicamentos. 50: 339-346.

176- Fararh, K. M., Ibrahim, A. K., e Elsonosy, Y. A. 2010. A timoquinona melhora as actividades das enzimas relacionadas com o metabolismo energético em leucócitos periféricos de ratos diabéticos. Investigação em Ciências Veterinárias. 88(3): 400-404.

177- Farkhondeh, T., Samarghandian, S., e Borji, A. 2017. Uma visão geral dos efeitos cardioprotetores e antidiabéticos da timoquinona. Jornal de Medicina Tropical da Ásia-Pacífico. 10(9): 849-854.

178- Farkhondeh, T., Samarghandian, S., Hozeifi, S., e Azimi-Nezhad, M. 2017. Efeitos terapêuticos da timoquinona para o tratamento de tumores do sistema nervoso central: Uma revisão. Biomedicina e Farmacoterapia. 96: 1440-1444.

179- Fatfat, M., Fakhoury, I., Habli, Z., Mismar, R., e Gali-Muhtasib, H. 2019. A timoquinona aumenta a atividade anticâncer da doxorrubicina contra a leucemia de células T adultas in vitro e in vivo através de mecanismos dependentes de ROS. Ciências da Vida. 232: 116628.

180- Firdaus, F., Zafeer, M. F., Anis, E., Ahmad, F., Hossain, M. M., Ali, A., e Afzal, M. 2019. Avaliação da eficácia fitomedicinal da timoquinona contra a disfunção mitocondrial induzida por arsénico e citotoxicidade em células SH-SY5Y. Fitomedicina. 54: 224-230.

181- Forman, S. A., Verkman, A. S., Dix, J. A., e Solomon, A. K. 1982. Interação da floretina com a proteína de transporte de aniões da membrana dos glóbulos vermelhos. Biochimica et Biophysica Ata (BBA)- Biomembranes. 689(3): 531-538.

182- Fabis, J., Szemraj, J., Strek, M., Fabis, A., Dutkiewicz, Z., e Zwierzchowski, T. J. 2014. A ressecção da borda do tendão é necessária para melhorar o processo de cicatrização? Uma avaliação da expressão de colagénio tipo I, IL-1β, IFN-γ, IL-4 e IL-13 no 1 cm distal de um tendão supraespinal rasgado: parte II. Jornal de Cirurgia do Ombro e Cotovelo. 23(12): 1779-1785. https://doi.org/10.1016/j.jse.2014.08.023

183- Ferraro, V., Gaillard-Martinie, B., Sayd, T., Chambon, C., Anton, M., e Sante-Lhoutellier, V. 2017. Colagénio tipo I de osso bovino. Efeito da idade do animal, anatomia óssea e metodologia de secagem no rendimento da extração, automontagem, comportamento térmico e potencial eletrocinético. Jornal Internacional de Macromoléculas Biológicas. 97: 55-66. https://doi.org/10.1016/j.ijbiomac.2016.12.068

184- Fertala, J., Arita, M., Steplewski, A., Arnold, W. V., e Fertala, A. 2018. A arquitetura da placa de crescimento epifisário não é afetada pela ativação pós-natal precoce da expressão do mutante de colágeno II R992C. Bone. 112: 42-50. https://doi.org/10.1016/j.bone.2018.04.008

185- Franke, K., Sapudom, J., Kalbitzer, L., Anderegg, U., e Pompe, T. 2014. Compósitos topologicamente definidos de colagénio dos tipos I e V como suportes de cultura de células in vitro. Ata Biomaterialia. 10(6): 2693-2702. https://doi.org/10.1016/j.actbio.2014.02.036

186- Fujii, K., e Imamura, S. 1993. O aumento induzido pelo fator de crescimento epidérmico (EGF) da migração de células de carcinoma escamoso humano no colágeno tipo I envolve a regulação positiva seletiva de α_2 β_1 expressão de integrina. Jornal de Ciências Dermatológicas. 6(1): 35. https://doi.org/10.1016/0923-1811(93)90922-c

187- Fujii, K., Dousaka-Nakajima, N., e Imamura, S. 1995. O aumento do fator de crescimento epidérmico da adesão e migração de células de carcinoma escamoso cutâneo humano HSC-1 no colágeno tipo I envolve a regulação positiva seletiva de α_2 β_1 expressão de integrain. Experimental Cell Research. 216(1): 261-272. https://doi.org/10.1006/excr.1995.1032

188- Fung, A., Sun, M., Soslowsky, L. J., e Birk, D. E. 2022. A deleção condicional direcionada do colágeno XII altera a função do tendão. Matrix Biology Plus. 16: 100123. https://doi.org/10.1016/j.mbplus.2022.100123

189- Furuto, D. K., Gay, R. E., Stewart, T. E., Miller, E. J., e Gay, S. 1991. Immunolocalization of types V and XI collagen in cartilage using monoclonal antibodies. Matrix. 11(2): 144-149. https://doi.org/10.1016/S0934-8832(11)80218-0

190- Gajbhiye, S., e Wairkar, S. 2022. Sistemas de entrega fabricados em colagénio para a cicatrização de feridas: A new roadmap. Biomaterials Advances. 142: 213152. https://doi.org/10.1016/j.bioadv.2022.213152

191- Gallorini, M., Carradori, S. 2021. Compreender as interações de colágeno e sua regulação direcionada por novos medicamentos. Opinião de especialistas em descoberta de medicamentos. 16(11): 1239-1260. https://doi.org/10.1080/1746041.2021.1933426

192- Gao, Y., Ma, K., Kang, Y., Liu, W., Liu, X., Long, X., Hayashi, T., Hattori, S., Mizuno, K., Fujisaki, H., e Ikejima, T. 2022. O colagénio tipo I reduz a acumulação de lípidos durante a adipogénese de pré-adipócitos 3T3-L1 através do eixo YAP-mTOR-autofagia. Biochimica et Biophysica Ata (BBA)-Biologia Molecular e Celular dos Lípidos. 1867(9): 159181. https://doi.org/10.1016/j.bbalip.2022.159181

193- Gaweon, K., Jensen, D. A., Steplewski, A., Fertala, A. 2010. Redução dos efeitos da acumulação intracelular de mutantes de colagénio II termolábeis através do aumento da sua termoestabilidade em condições de cultura celular. Comunicações de Investigação Bioquímica e Biofísica. 396(2): 213-218. https://doi.org/10.1016/j.bbrc.2010.04.056

194- Gelse, K., Poschl, E., Aigner, T. 2003. Colagénios - estrutura, função e biossíntese. Advanced Drug Delivery Reviews. 55: 1531-1546. https://doi.org/10.1016/j.addr.2003.08.002

195- Georgiev, G. P., Kotov, G., Iliev, A., Slavchev, S., Ovtscharoff, W., e Landzhov, B. 2019. Um estudo comparativo do epiligamento da colateral média e do ligamento cruzado anterior no joelho humano. Análise imunohistoquímica do colagénio tipo I e V e do procolagénio tipo III. Annals of Anatomy-Anatomischer Anzeiger. 224: 88-96. https://doi.org/10.1016/j.aanat.2019.04.002

196- Gillesberg, F., Engstrom, A., Groen, S. S., Bay-Jensen, A.-C., e Thudium, C. S. 2021. A carga compressiva modula o efeito do processamento de colágeno tipo II do fator de crescimento semelhante à insulina-1 em explantes de cartilagem bovina. Osteoartrite e Cartilagem. 29(1): S146-S147. https://doi.org/10.1016/j.joca.2021.02.208

197- Gonzalez, L., Diaz, M. E., Miquet, J. G., Sotelo, A. I., Dominici, F. P. 2021. Modulação do hormônio do crescimento da sinalização do receptor do fator de crescimento epidérmico hepático. Tendências em Endocrinologia e Metabolismo. 32(6): 403-414. https://doi.org/10.1016/j.tem.2021.03.004

198- Grande, J. P., Melder, D. C., e Zinsmeister, A. R. 1997. Modulação da expressão do gene do colagénio por citocinas: Efeito estimulador do fator de crescimento transformador-β1, com efeito divergente do fator de crescimento epidérmico e do fator de necrose tumoral-α no tipo I e colágeno tipo IV. Jornal de Laboratório e Medicina Clínica. 130(5); 476-486. https://doi.org/10.1016/S0022-2143(97)90124-4

199- Greene, C. A., Green, C. R., Dickinson, M. E., Johnson, V., e Sherwin, T. 2016. Os queratócitos são induzidos a produzir colagénio tipo II: Uma nova estratégia para a regeneração da matriz da córnea in vivo. Experimenal Cell Research. 347(1): 241-249. https://doi.org/10.1016/j.yexcr.2016.08.010

200- Groen, S. S., Sinkeviciute, D., Bay-Jensen, A.-C., Thudium, C. S., Karsdal, M. A., Thomsen, S. F., Lindemann, S., Werkmann, D., Blair, J., Staunstrup, L. M., Onnerfjord P., Arendt-Nielsen, L., e Nielsen, S. H. 2021. Um biomarcador sorológico de neoepítopo de colágeno tipo II reflete a degradação da cartilagem em pacientes com osteoartrite. Osteoartrite e Cartilagem Aberta. 3(4): 100207. https://doi.org/10.1016/j.ocarto.2021.100207

201- Groen, S. S., Sinkeviciute, D., Thudium, C. S., Onnerfjord, P., Karsdal, M., Bay-Jensen, A. C., e Holm Nielsen, S. 2021. Um novo biomarcador farmacodinâmico sorológico que avalia a degradação do colágeno tipo II em pacientes com osteoartrite. Osteoarthritis and Cartilage. 29(1): S91. https://doi.org/10.1016/j.joca.2021.02.124

202- Gu, C., Zhang, Y., Chen, D., Liu, H., e Mi, K. 2021. O estresse do retículo endoplasmático induzido pela tunicamicina inibe a quimiorresistência das células de carcinoma hipofaríngeo FaDu em culturas de colágeno I 3D e in vivo. Experimental Cell Research. 405(2): 112725. https://doi.org/10.1016/j.yexcr.2021.112725

203- Guilbert, M., Said, G., Happillon, T., Untereiner, V., Garnotel, R., Jeannesson, P., e Sockalingum, G. D. 2013. Sondagem da glicação não enzimática do colagénio de tipo I: Uma nova abordagem utilizando métodos biofotónicos Raman e infravermelhos. Biochimica et Biophysica Ata (BBA) - Assuntos Gerais. 1830(6): 3525-3531. https://doi.org/10.1016/j.bbagen.2013.01.016

204- Guillaume, E., Zacharopoulou, M., Reynolds, B., Aresu, L., Lobjois, L., Bleuart, C., Bourges-Abella, N., Delverdier, M., Lucas, M.-N., Lavoue, R., e Gaide, N. 2021. Valor adicional da microscopia de geração de segundo harmônico no diagnóstico de glomerulopatia de colágeno felino tipo III. Journal of Comparative Pathology. 188: 37-43. https://doi.org/10.1016/j.jcpa.2021.08.005

205- Gulick, L. V., Saby, C., Jaisson, S., Okwieka, A., Gillery, P., Dervin, E., Morjani, H., e Beljebbar, A. 2022. Uma abordagem integrada para investigar as modificações relacionadas com a idade das propriedades morfológicas, mecânicas e estruturais do colagénio de tipo I. Ata Biomaterialia. 137: 64-78. https://doi.org/10.1016/j.actbio.2021.10.020

206- Guo, H., Liu, X., Tian, M., Liu, G., Yuan, Y., Ye, X., Zhang, H., Xiao, L., Wang, S., Hong, Y., Sun, K., Lin, F., e Wen, X. 2022. Efeitos dos cofactores de colagénio da dieta e da hidroxiprolina no desempenho de crescimento, propriedades texturais e deposição de colagénio na bexiga natatória de *Nibea* coibor com base na análise de matriz ortogonal. Aquaculture Reports. 27: 101375. https://doi.org/10.1016/j.aqrep.2022.101375

207- Guszcz, T., Sankiewicz, A., e Gorodkiewicz, E. 2023. Aplicação de biossensores de imagem por ressonância plasmónica de superfície para a determinação de fibronectina, laminina-5 e colagénio de tipo IV no soro de doentes com cancro da bexiga em fase de transição. Journal of the Pharmaceutical and Biomedical Analysis. 222: 115103. https://doi.org/10.1016/j.jpba.2022.115103

208- Gwiazda, M., Kaushik, A., Chlanda, A., Kijenska-Gawronska, E., Jagiello, J., Kowiorski, K., Lipinska, L., Swieszkowski, W., e Bhardwaj, S. K. 2022. Um imunossensor flexível baseado no rGO eletroquimicamente com Au SAM usando meio anticorpo para deteção de colágeno tipo I. Applied Surface Science Advances. 9: 100258. https://doi.org/10.1016/j.apsadv.2022.100258

209- Gali-Muhtasib, H., Ocker, M., Kuester, D., Krueger, S., El-Hajj, Z., Diestel, A., et al. 2008a. A timoquinona reduz a invasão das células tumorais do cólon do rato e inibe o crescimento do tumor em modelos de cancro do cólon murino. J Cell Mol Med. 12: 330-342.

210- Gali-Muhtasib, H., Kuester, D., Mawrin, C., Bajbouj, K., Diestel, M., Ocker, et al. 2008b. A timoquinona desencadeia a inativação do sensor da via de resposta ao stress CHEK1 e contribui para a apoptose em células de cancro colorrectal. Cancer Res. 68: 5609-5618.

211- Ge, M., Zhang, L., Cao, L., Xie, C., Li, X., Li, Y., Meng, Y., Chen, Y., Wang, X., Chen, J., Zhang, Q., Shao, J., e Zhong, C. 2019. O sulforafano inibe as células-tronco do câncer gástrico através da supressão da via do ouriço sônico. Jornal Internacional de Ciências Alimentares e Nutrição. 70(5): 570-578.

212- Ghawi, S. K., Methven, L., e Niranjan, K. 2013. O potencial para intensificar a formação de sulforafano em brócolos cozinhados (*Brassica oleraceae var. italic*) utilizando sementes de mostarda (*Sinapis alba*). Food Chemistry. 138(2-3): 1734-1741.

213- Ghosh, S., Pandey, N. K., e Dasgupta, S. (-)-Epicatechin gallate prevents alkali-salt mediated fibrillogenesis of hen egg white lysozyme. International Journal of Biological Macromolecules. 54(1): 90-98.

214- Ghumatkar, P. J., Patil, S. P., Jain, P. D., Tambe, R. M., e Sathaye, S. 2015. Efeitos nootrópicos, neuroprotetores e neurotóficos da floretina na amnésia induzida por escopolamina em ratos. Farmacologia Bioquímica e Comportamento. 135: 182-191.

215- Gosch, C., Halbwirth, H., Kuhn, J., et al. 2009. Biossíntese de phloridzin em maçã (*Malus domestica* Borkh.). Plant Sci. 176: 223-231.

216- Guadarrama-Enriquez, O., Gonzalez-Trujano, M. E., Ventura-Martinez, R., Rodrigez, R., Angeles-Lopez, G. E., Reyes-Chilpa, R., Baenas, N., e Moreno, D. A. 2018. Os brotos de brócolis produzem antinocicepção abdominal, mas não efeitos espasmolíticos, como seu metabólito bioativo sulforafano. Biomedicina e Farmacoterapia. 107: 1770-1778.

217- Gulmez, M. I., Okuyucu, S., Dokuyucu, R., e Gokce, H. 2017. O efeito do éster fenetílico do ácido cafeico e da timoquinona na otite média com efusão em ratos. Jornal Internacional de Otorrinolaringologia Pediátrica. 96: 94-99.

218- Hafezian, S. M., Azizi, S. N., Biparva, P., e Bekhradnia, A. 2019. Purificação de alta eficiência do sulforafano do extrato de brócolis por sílica SBA-15 nanoestruturada usando o método de extração em fase sólida. Journal of Chromatography B. 1108: 1-10.

219- Hajipour, H., hamishehkar, H., Ahmad, S. N. S., Barghi, S., Maroufi, N. F., e Taheri, R. A. 2018. Efeitos anticancerígenos melhorados do galato de epigalocatequina usando transportadores lipídicos nanoestruturados contendo RGD. Células artificiais, nanomedicina e biotecnologia. 46(S1): S283-S292.

220- Han, L., Fang, C., Zhu, R., Peng, Q., Li, D., e Wang, M. 2017. Efeito inibitório da floretina na α-glucosidase: Cinética, mecanismo de interação e ancoragem molecular. Jornal Internacional de Macromoléculas Biológicas. 95: 520-527.

221- Haodang, L., Lianmei, Q., Ranhui, L., Liesong, C., Jun, H., Yihua, Z., Cuimin, Z., Yimou, W. e Xiaoxing, Y. 2019. O HO-1 medeia as ações anti-inflamatórias do sulforafano em monócitos estimulados com um lipopeptídeo micoplasmático. Interações Químico-Biológicas. 306: 10-18.

222- Hashimoto, O., Nakamura, A., Nakamura, T., Iwamoto, H., Hiroshi, M., Inoue, K., Torimura, T., Ueno, T. e Sata, M. 2014. O análogo de galato de epigalocatequina metilado- (3″) - suprime o crescimento do tumor em células de hepatoma Huh7 por meio da inibição da angiogensis. Nutrição e Câncer. 66(4): 728-735.

223- Hassan, M., El Yazidi, C., Landrier, J.-F., Lairon, D., Margotat, A., e Amiot, M.-J. 2007. A floretina aumenta a diferenciação de adipócitos e a expressão de adiponectina em células 3T3-L1. Biochemical and Biophysical Research Communications. 361(1): 208-213.

224- Hassan, M., El Yazidi, C., Malezet-Desmoulins, C., Amiot, M.-J., e Margotat, A. 2010. Perfil de expressão génica dos adipócitos 3T3-L1 expostos à floretina. The Journal of Nutritional Biochemistry. 21(7): 645-652.

225- Hassan, E., El-Neweshy, M., Hassan, M., e Noreldin, A. 2019. A timoquinona atenua a toxicidade testicular e espermática após a exposição subcrónica ao chumbo em ratos machos: Possíveis mecanismos estão envolvidos. Ciências da Vida. 230: 132-140.

226- He, W., Li, L. X., Liao, Q. J., Liu, C. L., e Chen, X. L. 2011. O galato de epigalocatequina inibe a síntese de ADN do VHB numa linha celular induzida pela replicação viral. World J Gastroenterol. 17: 1507-1514.

227- Hegde, S., Poojary, K. K., Rasquinha, R., Crasta, D. N., Gopalan, D., Mutalin, S., Siddiqui, S., Adiga, S. K., e Kalthur, G. 2020. O epigalocatequina-3-galato (EGCG) protege os oócitos das deformidades citoplasmáticas induzidas pelo paration metílico, suprimindo o stress oxidativo e do retículo endoplasmático. Pesticide Biochemistry and Physiology (Bioquímica e Fisiologia de Pesticidas). DOI: 10.1016/j.pestbp.2020.104588

228- Higashi, N., Kohjima, M., Fukushim, M., et al. 2005. Epigalocatequina-3-galato, um polifenol do chá verde, suprime a sinalização Rho em células estreladas hepáticas humanas TWNT-4. Journal of Laboratory and Clinical Medicine. 145(6): 316-322.

229- Hilt, P., Schieber, A., Yildirim, C., et al. 2003. Deteção de phloridzin em morangos (*Fragaria x ananassa* Duch.) por HPLC-PDA-MS/MS e espetroscopia NMR. J Agric Food Chem. 51: 2896-2899.

230- Hirasawa, M., e Takada, K. 2004. Efeitos múltiplos da catequina do chá verde na atividade antifúngica de antimicóticos contra *Candida albicans*. J Antimicrob Chemother. 53: 225-229.

231- Ho, H. Y., Cheng, M. L., Weng, S. F., Leu, Y. L., e Chiu, D. T. 2009. Efeito antiviral do galato de epigalocatequina no enterovírus 71. J Agric Food Chem. 57: 6140-6147.

232- Hong, J., Lu, H., Meng, X., Ryu, J.-H., Hara, Y., e Yang, C. S. 2002. Stability, cellular uptake, biotransformation, and efflux of tea polyphenol (-)-epigallocatechin-3-gallate in HT-29 human colon adenocarcinoma cells. Cancer Research. 62(24): 7241-7246.

233- Hosseinian, S., Khajavi Rad, A., Bideskan, A. E., Soukhtanloo, M., Sadeghnia, H., Shafei, M. N., Motejadded, F., Mohebbati, R., Shahraki, S., e Beheshti, F. 2017. A timoquinona amerliora os danos renais na obstrução ureteral unilateral em ratos. Relatórios Farmacológicos. 69(4): 648-657.

234- Hou, Z., Sang, S., You, H., et al. 2005. Mecanismo de ação da (-)-epigalocatequina-3-galato: inativação dependente da auto-oxidação do receptor do fator de crescimento epidérmico e efeitos diretos na inibição do crescimento das células KYSE 150 do cancro do esófago humano. Cancer Research. 65(17): 8049-8056.

235- Houghton, P. J., Zarka, R., De las Heras, B., e Hoult, J. R. 1995. O óleo fixo de *Nigella sativa* e a timoquinona derivada inibem a geração de eicosanóides em leucócitos e a peroxidação lipídica da membrana. Planta Med. 61: 33-36.

236- Hsiao, Y.-H., Hsieh, M.-J., Yang, S.-F., Chen, S.-P., tsia, W.-C., e Chen, P.-N. 2019. A floretina suprime a metástase ao direcionar a protease e inibe o tronco do câncer e a angiogênese em células de câncer cervical humano. Fitomedicina. 62: 152964.

237- Huang, W.-C., Dai, Y.-W., Peng, H.-L., Kang, C.-W., Kuo, C.-Y., e Liou, C.-J. 2015. A floretina melhora a expressão de quimiocinas e ICAM-1 através do bloqueio da via NF-κB nos queratinócitos humanos HaCaT induzidos por TNF-α. Imunofarmacologia Internacional. 27(1): 32-37.

238- Huang, W.-C., Lai, C.-L., Liang, Y.-T., Hung, H.-C., Liu, H.-C., e Liou, C.-J. 2016. A floretina atenua a lesão pulmonar aguda induzida por LPS em camundongos através da modulação das vias NF-κB e MAPK. Imunofarmacologia Internacional. 40: 98-105.

239- Huang, T.-Q., Ho, Y.-C., Tsai, T.-N., Tseng, C.-L., Lin, C., e Mi, F.-L. 2020. Melhoria da permeabilidade e das actividades do galato de epigalocatequina por nanopartículas de quitosano/fucoidano de amónio quaternário. Carbohydrate Polymers. 242: 116312.

240- Hull Vance, S., Benghuzzi, H., e Tucci, M. 2010. Inibição da ligação bacteriana a células epiteliais renais utilizando timoquinona-biomed 2010. Biomed Sci Instrum. 46: 69-74.

241- Huq, F., Yu, J. Q., Beale, P., et al. 2014. Combinações de platinums e fitoquímicos selecionados como meio de superar a resistência no câncer de ovário. Anticancer Res. 34(1): 541-545.

242- Hao, H. Q., Zhang, J. F., He, Q. Q., e Wang, Z. 2019. Proteína da matriz oligomérica da cartilagem, telopeptídeo de ligação cruzada C-terminal do colágeno tipo II e metaloproteinase-3 da matriz como biomarcadores para o diagnóstico de osteoartrite do joelho e quadril (OA): uma revisão sistemática e meta-análise. Osteoarthritis and Cartilage. 27(5): 726-736. https://doi.org/10.1016/j.joca.2018.10.009

243- Hassani, A., Khoshfetrat, A. B., Rahbarghazi, R., Sakai, S. 2022. As interações de colagénio e nano-hidroxiapatite em microcápsulas à base de alginato proporcionam um microambiente osteogénico adequado para a formação de tecido ósseo modular. Carbohydrate Polymers. 277: 118807. https://doi.org/10.1016/j.carbpol.2021.118807

244- Hauta-Alus, H., Valkama, S., Holmlund-Suila, E., Enlund-Cerullo, M., Rosendahl, J., Andersson, S., e Makitie, O. 2022. Biomarcador de colagénio X, crescimento linear e desenvolvimento ósseo num estudo de intervenção de vitamina D em bebés. Bone Reports. 16: 101311. https://doi.org/10.1016/j.bonr.2022.101311

245- Haverkamp, R. G., Sizeland, K. H., Wells, H. C., e Kamma-Lorger, C. 2022. Desidratação do colagénio. International Journal of Biological Macromolecules. 216: 140-147. https://doi.org/10.1016/j.ijbiomac.2022.06.180

246- He, Y., Manon-Jensen, T., Arendt-Nielsen, L., Petersen, K. K., Christiansen, T., Samuels, J., Abramson, S., Karsdal, M. A., Attur, M., e Bay-Jensen, A. C. 2019. Valor diagnóstico potencial de um biomarcador de neo-epítopo de colagem do tipo X para osteoartrite do joelho. Osteoartrite e Cartilagem. 27(4): 611-620. https://doi.org/10.1016/j.joca.2019.01.001

247- He, Y., Karsdal, M., e Bay-Jensen, A. 2021. O fragmento NC1 do colágeno tipo X medido no soro como um potencial biomarcador de osteoartrite. Osteoarthritis and Cartilage. 29(1): S152-S153. https://doi.org/10.1016/j.joca.2021.02.214

248- Heidari, M. G., e Rezaei, M. 2022. Pepsina extraída de resíduos de truta e método promovido por ultra-sons para a recuperação ecológica de colagénio de peixe. Química e Farmácia Sustentáveis. 30: 100854. https://doi.org/10.1016/j.scp.2022.100854

249- Heo, Y., Shin, Y. M., Lee, Y. B., Lim, Y. M., Shin, H. 2015. Efeito do colagénio imobilizado tipo IV nas propriedades biológicas das células endoteliais para a endotelização melhorada de materiais de enxerto vascular sintético. Colóides e Superfícies B: Biointerfaces. 134, 196-203. https://doi.org/10.1016/j.colsurfb.2015.07.003

250- Hoolwerff, M. V., Ruiz, R., Suchiman, E., Bouma, M. J., Freund, C. M., Mummery, C. L., e Meulenbelt, R. I. 2021. A mutação de alto impacto *FN1* afeta a integridade da cartilagem por meio da ligação aberrante ao colágeno tipo II. Osteoartrite e Cartilagem. 29(1): S405-S406.https://doi.org/10.1016/j.joca.2021.02.525

251- Hosseininia, S., Weis, M. A., Rai, J., Kim, L., Funk, S., Dahlberg, L. R., e Eyre, D. R. 2016. Evidência de deposição aumentada de colagénio tipo III focalmente na matriz territorial da cartilagem articular da anca osteoartrítica. Osteoartrite e Cartilagem. 24(6): 1029-1035. https://doi.org/10.1016/j.joca.2016.01.001

252- Hsu, H.-H., Murasawa, Y., Qi. P., Nishimura, Y., e Wang, P.-C. 2013. Fibrilas de colagénio do tipo V em metanefroi de rato. Biochemical and Biophysical Research Communications. 441(3): 649-654. https://doi.org/10.1016/j.bbrc.2013.10.097

253- Hua, C., Zhu, Y., Xu, W., Ye, S., Zhang, R., Lu, L. e Jiang, S. 2019. Caracterização por análise de estrutura cristalina de alta resolução de uma região de tripla hélice de colágeno humano tipo III com potente atividade de adesão celular. Comunicações de pesquisa bioquímica e biofísica. 508(4): 1018-1023. https://doi.org/10.1016/j.bbrc.2018.12.018

254- Huang, C.-J., Chien, Y.-L., Ling, T.-Y., Cho, H.-C., Yu, J., Chang, Y.-C. 2010. A influência da nanoestrutura do filme de colagénio nas células estaminais pulmonares e nas interações colagénio-células estromais. Biomaterials. 31(32): 8271-8280. https://doi.org/10.1016/j.biomaterials.2010.07.038

255- Huang, Y., Deng, H., Zhang, J., Sun, H., Li, W., Li, C., Zhang, Y., e Sun, D. 2021. Um imunosensor fotoeletroquímico baseado em ReS_2 nanofolhas para determinação de colágeno III relacionado ao aneurisma da aorta abdominal. Microchemical Journal. 168: 106363. https://doi.org/10.1016/j.microc.2021.106363

256- Huang, X., Zhang, Y., Zheng, X., Yu, G., Dan, N., Dan, W., Li, Z., Chen, Y., e Liu, X. 2022. Origem da natureza crítica e aumento da estabilidade em biomateriais à base de matriz de colagénio: Tecnologias de modificação abrangentes. Jornal Internacional de Macromoléculas Biológicas. 216: 741-756. https://doi.org/10.1016/j.ijbiomac.2022.07.199

257- Ijima, H., Ogata, R., Murasawa, Y., e Wang, P.-C. 2010. A atividade de produção de albumina de hepatócitos primários de rato é melhorada com colagénio de tipo V. Journal of Bioscience and Bioengineering. 109(2): 179-181. https://doi.org/10.1016/j.jbiosc.2009.07.017

258- Ito, A., Yamamoto, M., Ikeda, K., Sato, M, Kawabe, Y., Kamihira, M. 2015. Efeitos do colagénio tipo IV nas caraterísticas miogénicas dos mioblastos geneticamente modificados com IGF-I. Journal of Bioscience and Bioengineering. 119(5), 596-603. https://doi.org/10.1016/j.jbiosc.2014.10.008

259- Ito, Y., Iwashita, J., Murata, J. 2019. O colagénio tipo IV reduz a secreção de mucina 5AC em culturas tridimensionais de células epiteliais primárias das vias respiratórias humanas. Relatórios de Bioquímica e Biofísica. 20, 100707. https://doi.org/10.1016/j.bbrep.2019.100707

260- Iwahashi, M., Muragaki, Y., Ooshima, A., e Umesaki, N. 2007. Aumento da expressão de colagénio tipo III e V em corpos lúteos humanos no início da gravidez. Fertility and Sterility. 87(1): 178-181. https://doi.org/10.1016/j.fertnstert.2006.06.022

261- Iwahashi, M., e Muragaki, Y. 2011. Aumento da expressão de colagénio tipo I e V nos leiomiomas uterinos durante o ciclo menstrual. Fertility and Sterility (Fertilidade e Esterilidade). 95(6): 2137-2139. https://doi.org/10.1016/j.fertnstert.2010.12.028

262- Imanishi, N., Tuji, Y., Katada, Y., Marugashi, M., Konosu, S., Mantani, N., et al. 2002. Efeito inibitório adicional do extrato de chá no crescimento dos vírus influenza A e B em células MDCK. Microbiol Immunol. 46: 491-494.

263- Imran, M., Rauf, A., Khan, I. A., Shahbaz, M., Qaisrani, T. B., Fatmawati, S., Abu-Izneid, T., Imran, A., Rahman, K. U., e Gondal, T. A. 2018. Timoquinona: Uma nova estratégia para combater o cancro: Uma revisão. Biomedicina e Farmacoterapia. 106: 390-402.

264- Ince, S., Kucukkurt, I., Demirel, H. H., Turkmen, R., Zemheri, F., e Akbel, E. 2013. O papel da timoquinona como proteção antioxidante no estresse oxidativo induzido pelo imidaclopride em camundongos albinos suíços machos e fêmeas. Química Toxicológica e Ambiental. 95(2): 318-329.

265- Isaacs, C. E., Wen, G. Y., Xu, W., Jian, J. H., Rohan, L., Corbo, C., Di Maggio, V., Jenkins, E. C., e Hillier, S. 2008. O galato de epigalocatequina inativa isolados clínicos do vírus do herpes simplex. Antimicrob. Agents Chemother. 52: 962-970.

266- Isaacs, C. ., Xu, W., Merz, G., Hillier, S., Rohan, L., e Wen, G. Y. 2011. Os dímeros digalatos de (-) -epigalocatequina galato inactivam o vírus do herpes simplex. Antimicrob Agents Chemother. 55: 5646-5653.

267- Isaacson, R., Beier, J. I., Khoo, N. K. H., Freeman, B. A., Freyberg, Z., e Arteel, G. E. 2020. Lesão hepática induzida por olanzapina em camundongos: agravamento por dieta rica em gordura e proteção com sulforafano. O Jornal de Bioquímica Nutricional. 81: 108399.

268- Ishii, T., Mori, T., Tanaka, T., et al. 2008. Covalent modification of proteins by green tea polyphenol (-)-epigallocatechin-3-gallate through autoxidation. Free Radical Biology and Medicine. 45(10): 1384-1394.

269- Jafri, S. H., Glass, J., Shi, R., Zhang, S., Prince, M., e Kleiner-Hancock, H. 2010. A timoquinona e a cisplatina como combinação terapêutica no cancro do pulmão: in vitro e in vivo. J Exp Clin Cancer Res. 29: 87.

270- Javaid, M. S., Latief, N., Ijaz, B., e Ashfaq, U. A. 2018. Galato de epigalocatequina como um composto terapêutico anti-obesidade: uma abordagem in silico para o design de medicamentos baseados em estrutura. Pesquisa de produtos naturais. 32(17): 2121-2125.

271- Jeon, M., Lee, J., Lee, H. K., Cho, S., Lim, J.-H., Choi, Y., Pak, S., e Jeong, H.-J. 2020. O sulforafano atenua as reacções inflamatórias alérgicas mediadas por mastócitos em modelos de simulação in silico e in vitro. Imunofarmacologia e Imunotoxicologia. 47(2): 74-83.

272- Jiang, F., Chen, W., Yi, K., Wu, Z., Si, Y., Han, W., et al. 2010. A avaliação de catequinas que contêm uma porção de galoil como potenciais inibidores da integrase do HIV-1. Clin Immunol. 137: 347-356.

273- Jin, P., Wu, H., Xu, G., Zheng, I., e Zhao, J. 2014. Epigalocatequina-3-galato (EGCG) como agente pró-osteogénico para aumentar a diferenciação osteogénica de células estaminais mesenquimais da medula óssea humana: um estudo in vitro. Cell and Tissue Research. 356(2); 381-390.

274- Johnson-Ajinwo, O. R., Ullah, I., Mbye, H., Richardson, A., Horrocks, P., e Li, W.-W. 2018. A síntese e avaliação de análogos de timoquinona como câncer antiovariano e agentes antimaláricos. Cartas de Química Bioorgânica e Medicinal. 28(7): 1219-1222.

275- Jakopin, E., Bevc, S., Ekart, R., e Hojs, R. 2020. Nefropatia do colagénio tipo III como uma doença sistémica? - Um relato de caso. Nefrologia. 40(1): 106-108. https://doi.org/10.1016/j.nefro.2019.04.008

276- Jaleel, G. A. A., Saleh, D. O., Al-Awdan, S. W., Hassan, A., e Asaad, G. F. 2020. Impacto do colagénio tipo III na osteoartrite induzida por iodoacetato monossódico em ratos. Heliyon. 6(6): e04083. https://doi.org/10.1016/j.heliyon.2020.e04083

277- Jayaswamy, P. K., Vijaykrishnaraj, M., Patil, P., Alexander, L. M., Kellarai, A., Shetty, P. 2023. Implicative role of epidermal growth fator recetor and its associated signaling partners in the pathogenesis of Alzheimer' s disease. Ageing Research Reviews. 83: 101791. https://doi.org/10.1016/j.arr.2022.101791

278- Jeevithan, E., Jingyi, Z., Wang, N., He, L., Bao, B., e Wu, W. 2015. Propriedades físico-químicas, antioxidantes e de absorção intestinal do colagénio tipo II do tubarão-baleia com base na sua solubilidade com ácido e pepsina. Bioquímica de Processos. 50(3): 463-472. https://doi.org/10.1016/j.procbio.2014.11.015

279- Ji, X. L., Li, H. M., e Li, L. X. 2019. Uma relação constitutiva para o tecido composto por fibras de colagénio tipo I sob tensão uniaxial. Jornal do Comportamento Mecânico de Materiais Biomédicos. 97: 222-228. https://doi.org/10.1016/j.jmbbm.2019.05.029

280- Jimi, S., Saku, K., Uesugi, N., Sakata, N., Takebayashi, S. 1995. A lipoproteína de baixa densidade oxidada estimula a produção de colagénio em células musculares lisas arteriais em cultura. Atherosclerosis. 116(1); 15-26. https://doi.org/10.1016/0021-9150)95)05515-X

281- Kalluri, R. 2003. Basement membranes: structure, assembly and role in tumour aniogenesis. Nat Rev Cancer. 3: 422-433. https://doi.org/10.1038/nrc1094

282- Kambic, H. E., e McDevitt, C. A. 2005. Organização espacial do colagénio dos tipos I e II no menisco canino. Journal of Orthopaedic Research. 23(1): 142-149. https://doi.org/10.1016/j.orthres.2004.06.016

283- Kandamchira, A., Kanungo, I., Fathima, N. N. 2012. Comportamento dielétrico e estabilidade conformacional do colagénio na interação com o ADN. Jornal Internacional de Macromoléculas Biológicas. 51(4): 635-639. https://doi.org/10.1016/j.ijbiomac.2012.06.039

284- Katavetin, P., Karavetin, P., Susantitaphong, P., Townamchai, N., Tiranathanagul, K., Tungsanga, K., Eiam-Ong, S. 2010. A excreção urinária de colagénio tipo IV prevê o declínio subsequente da função renal em doentes diabéticos de tipo 2 com proteinúria. Diabetes Research and Clinical Practice. 89(2): e33-e35. https://doi.org/10.1016/j.diabres.2010.05.007

285- Katsuyama, Y., Yamawaki, Y., Sato, Y., Muraoka, S., Yoshida, M., Okano, Y., e Masaki, H. 2022. A diminuição da função mitocondrial em fibroblastos dérmicos irradiados com UVA causa a formação insuficiente de fibras de colagénio tipo I e fibrilina-1. Journal of Dermatological Science. https://doi.org/10.1016/j.jdermsci.2022.10.002

286- Kerkvliet, E. H. M., Jansen, I. C., Schoenmaker, T., Beertsen, W., e Everts, V. 2003. O colagénio tipo I, III e V modula de forma diferente a síntese e a ativação de metaloproteinases da matriz por culturas de fibroblastos periosteais de coelho. Matrix Biology. 22(3): 217-227. https://doi.org/10.1016/S0945-053X(03)00035-0

287- Kikuchi, H., Nasu, Satoh, M., Kotozaki, Y., Tanno, K., Asahi, K., Ohmomo, H., Kobayashi, T., Taguchi, S., Morino, Y., Shimizu, A., Sobue, K., e Sasaki, M. 2022. Associação entre o propeptídeo N-terminal do colagénio tipo I total e a pontuação de risco de doença arterial coronária na população japonesa em geral. IJC Heart and Vasculature. 41: 101056. https://doi.org/10.1016/j.ijcha.2022.101056

288- Kilic, A., Sonar, S. S., Yildirim, A. O., Fehrenbach, H., Nockher, W. A., e Renz, H. 2011. O fator de crescimento do nervo induz a produção de colagénio tipo III na inflamação alérgica crónica das vias respiratórias. Journal of Allergy and Clinical Immunology. 128(5): 1058-1066. https://doi.org/10.1016/j.jaci.2011.06.017

289- Kim, H. J., Song, S. B., Choi, J. M., Kim, K. M., Cho, B. K., Cho, D. H., Park, H. J. 2010. A IL-18 regula negativamente a produção de colagénio em fibroblastos dérmicos humanos através da via ERK. Journal of Investigative Dermatology. 130(3): 706-715. https://doi.org/10.1038/jid.2009.302

290- Kim, D., Kim, S. Y., Mun, S. K., Rhee, S., e Kim, B. J. 2015. O fator de crescimento epidérmico melhora a migração e a contratilidade de fibroblastos envelhecidos cultivados em matrizes de colágeno 3D. Revista Internacional de Medicina Molecular. 35(4): 1017-1025. https://doi.org/10.3892/ijmm.2015.2088

291- Kirsch, T., e Mark, K. V. D. 1991. Ca^{2+} propriedades de ligação do colagénio tipo X. FEBS Letters. 294(1-2): 149-152. https://doi.org/10.1016/0014-5793(91)81363-D

292- Kisling, A., Lust, R. M., Katwa, L. C. 2019. Qual é o papel dos fragmentos peptídicos do colágeno I e IV na saúde e na doença? Ciências da Vida. 228: 30-34. https://doi.org/10.1016/j.lfs.2019.04.042

293- Kisling, A., Katwa, L. C. 2019. Os peptídeos pró-remodelação modulam a atividade promotora do colágeno α1 (I) em miofibroblastos cardíacos de ratos. Comunicações de pesquisa bioquímica e biofísica. 515(4): 693-698. https://doi.org/10.1016/j.bbrc.2019.06.025

294- Kitamura, A., Ishii, K., Okafuji, K., Kojima, F., Bando, T. 2022. O teste de mutação do recetor do fator de crescimento epidérmico (EGFR) é útil para o diagnóstico primário do cancro do pulmão e para uma ressecção cirúrgica adequada: Uma série de casos. Respiratory Investigation. 60(1): 171-175. https://doi.org/10.1016/j.resinv.2021.08.008

295- Kobayashi, T., Uchiyama, M. 2003. Caracterização da montagem de cadeias de colagénio tipo IV recombinante α3, α4, α5 em estirpes de células transfectadas. Kidney International. 64(6), 1986-1996. https://doi.org/10.1046/j.1523-1755.2003.00323.x

296- Kobayashi, T., Kakihara, T., Uchiyama, M. 2008. Análise mutacional da cadeia α5 do colagénio tipo IV, no que diz respeito à formação de heterotrímeros. Biochemical and Biophysical Research Communications. 366(1): 60-65. https://doi.org/10.1016/j.bbrc2007.12.037

297- Kolpakova-Hart, E., Nicolae, C., Zhou, J., e Olsen, B. R. 2008. A recombinase *Col2-Cre* é co-expressa com colagénio endógeno de tipo II no epitélio renal embrionário e conduz ao desenvolvimento de doença renal policística após a inativação de genes ciliares. Matrix Biology. 27(6): 505-512. https://doi.org/10.1016/j.matbio.2008.05.002

298- Koruth, S., e Chetty, Y. V. N. 2017. Hérnias - É um defeito primário ou um distúrbio sistêmico? Papel do colágeno III em todas as hérnias - Um estudo de controle de caso. Anais de Medicina e Cirurgia. 19: 37-40. https://doi.org/10.1016/j.amsu.2017.05.012

299- Kuivaniemi, H., e Tromp, G. 2019. Colagénio tipo III (COL3A1): Estrutura de genes e proteínas, distribuição de tecidos e doenças associadas. Gene. 707: 151-171. https://doi.org/10.1016/j.gene.2019.05.003

300- Kurata, S.-I., e Hata, R.-I. 1991. O fator de crescimento epidérmico inibe a transcrição de genes de colagénio de tipo I e a produção de colagénio de tipo I em fibroblastos de pele humana em cultura na presença e ausência de L-Ascorbic Acid 2-Phosphate, um derivado de vitamina C de ação prolongada. The Journal of Biological Chemistry. 266(15): 9997-10003. https://doi.org/10.1016/s0021-9258(18)92918-2

301- Kusunoki, T., Nishida, S., Kimoto-Kinoshita, S., Murata, K., Satou, T., Tomura, T. 2000. Colagenase do tipo IV e imunomarcação do colagénio do tipo IV em tumores da tiroide humana. Auris Nasus Larynx. 27(2), 161-165. https://doi.org/10.1016/S0385-8146(99)00070-X

302- Kuzan, A., Chwilkowska, A., Pezowicz, C., Witkiewicz, W., Gamian, A., Maksymowicz, K., e Kobielarz, M. 2017. O conteúdo de colágeno tipo II nas artérias humanas está correlacionado com o estágio da aterosclerose e focos de calcificação. Patologia Cardiovascular. 28: 21-27. https://doi.org/10.1016/j.carpath.2017.02.003

303- Kaboli, P. J., Khoshkbejari, M. A., Mohammadi, M., Abiri, A., Mokhtarian, R., Vazifemand, R., Amanollahi, S., Sani, S. Y., Li, M., Zhao, Y., Wu, X., Shen, J., Cho, C. H., e Xiao, Z. 2020. Alvo e mecanismos de derivados de sulforafano obtidos de plantas crucíferas com foco especial no câncer de mama - efeitos contraditórios e perspectivas futuras. Biomedicina e Farmacoterapia. 121: 109635.

304- Kaihatsu, K., Yamabe, M., e Ebara, Y. 2018. Mecanismo de ação antiviral da *epigalocatequina-3-O-galato* e dos seus ésteres de ácidos gordos. Molecules. 23: 2475.

305- Kanter, M., Demir, H., Karakaya, C., e Ozbek, H. 2005. Atividade gastroprotectora do óleo *de Nigella sativa* L. e do seu constituinte, a timoquinona, contra a lesão aguda da mucosa gástrica induzida pelo álcool em ratos. World J. Gastroenterol. 11: 6662-6666.

306- Kanter, M. 2011. A timoquinona atenua a lesão pulmonar induzida pela exposição crónica ao tolueno em ratos. Toxicol. Ind. Health. 27: 387-395.

307- Kapan, M., Tekin, R., Onder, A., Firat, U., Evliyaoglu, O., Taskesen, F., e Arikanoglu, Z. 2012. A timoquinona melhora a translocação bacteriana e a resposta inflamatória em ratos com obstrução intestinal. Jornal Internacional de Cirurgia. 10: 484-488.

308- Kapil, H., Suresh, D. K., Bathla, S. C., e Arora, K. S. 2018. Avaliação da eficácia clínica do gel de timoquinona 0,2% administrado localmente no tratamento da periodontite. Saudi Dental Journal. 30: 348-354.

309- Karaman, K. 2020. Caracterização de microtransportadores à base de *Saccharomyces cerevisiae* para encapsulamento de óleo de semente de cominho preto: Estabilidade da timoquinona e propriedades bioactivas. Food Chemistry. 313: 126129.

310- Kaseb, A. O., Chinnakannu, K., Chen, D., Sivanandam, A., Tejwani, S., Menon, M., et al. 2007. Terapia de timoquinona com recetor de androgénio e E2F-1 para cancro da próstata refratário a hormonas. Cancer Res. 67: 7782-7788.

311- Kassab, R. R., e El-Hennamy, R. E. 2017. O papel da timoquinona como um potente antioxidante na melhoria do efeito neurotóxico do arseniato de sódio em ratos fêmeas. Jornal Egípcio de Ciências Básicas e Aplicadas. 4(3): 160-167.

312- Kauser, H., Mujeeb, M., Ahad, A., Moolakkadath, T., Aqil, M., Ahmad, A. e Akhter, M. H. 2019. Otimização de etossomas para entrega de timoquinona tropical para o tratamento da acne da pele. Jornal de Ciência e Tecnologia de Entrega de Medicamentos. 49: 177-187.

313- Kaviarasan, S., Sundarapandiyan, R., e Anuradha, C. V. 2008. O galato de epigalocatequina, um fitoquímico do chá verde, atenua as proteínas hepáticas induzidas pelo álcool e os danos lipídicos. Toxicology Mehanisms and Methods. 18(8): 645-652.

314- Khader, M., e Eckl, P. M. 2014. Timoquinona: um medicamento natural emergente com uma ampla gama de aplicações médicas. Jornal Iraniano de Ciências Médicas Básicas. 17: 950-957.

315- Khalatbary, A. R., e Khademi, E. 2020. A catequina polifenólica do chá verde epigalocatequina galato e neuroprotecção. Nutritional Neuroscience. 23(4): 281-294.

316- Khan, M. A., Ashfaq, M. K., Zuberi, H. S., Mahmood, M. S., e Gilani, A. H. 2003. A atividade antifúngica in vivo do extrato aquoso das sementes de *Nigella sativa*. Phytother Res. 17: 183-186.

317- Khazaei, M., e Pazhouhi, M. 2017. A morte apoptótica mediada por temozolomida é melhorada pela timoquinona nas linhas celulares U87MG. Cancer Investigation. 35(4): 225-236.

318- Khoshkharam, M., Shahrajabian, M., Sun, W., e Cheng, Q. 2019. Pesquisa dos efeitos alelopáticos do tabaco (*Nicotiana tabacum* L.) no crescimento e germinação do milho (*Zea mays* L.). Cercetari Agronomice in Moldova. 4(180): 332-340.

319- Khoshkharam, M., Shahrajabian, M. H., Sun, W., e Cheng, Q. 2020. Sumac (*Rhus coriaria* L.) uma especiaria e planta medicinal - uma mini revisão. Amazonian Journal of Plant Research. 4(2): 517-523.

320- Kian, K., Khalatbary, A. R., Ahmadvand, H., Malekshah, A. K., e Shams, Z. 2019. Efeitos neuroprotetores do (-) -epigalocatequina-3-galato (EGCG) contra a apoptose induzida por transações nervosas periféricas. Neurociência Nutricional. 22(8): 578-586.

321- Kiani, S., Akhavan-Niaji, H., Fattahi, S., Kavoosian, S., Jelodar, N. B., Bagheri, N., e Zarrini, H. N. 2018. O sulforafano purificado de brócolis (*Brassica oleraceae var. italica*) leva a alterações da expressão de CDX1 e CDX2 e alterações nos níveis de miR-9 e miR-326 em células de câncer gástrico humano. Gene. 678: 115-123.

322- Kim, I. B., Kim, D. Y., Lee, S. J., et al. 2006. Inibição da produção de IL-8 por polifenóis de chá verde em fibroblastos nasais humanos e células epiteliais A549. Boletim Biológico e Farmacêutico. 29(6): 1120-1125.

323- Kim, S. C., Choi, B., e Kwon, Y. 2017. Os agentes redutores de tiol evitam a inibição do crescimento induzida pelo sulforafano em células de cancro do ovário. Pesquisa em Alimentos e Nutrição. 61(1): 1368321.

324- Kitamura, M., Nishino, Y., Obata, Y., et al. 2012. O galato de epigalocatequina suprime a fibrose peritoneal em ratos. Interações Químico-Biológicas. 195(1): 95-104.

325- Kobori, M., Shinmoto, H., Tsushida, T., e Shinohara, K. 1997. Apoptose induzida pela floretina nas células 4A5 do melanoma B16 por inibição do transporte transmembranar de glucose. Cancer Letters. 119(2); 207-212.

326- Kokoska, L., Havlik, J., Valterova, I., Sovova, H., Sajfrtova, M., e Jankovska, I. 2008. Comparação da composição química e da atividade antibacteriana dos óleos essenciais de sementes de *Nigella sativa* obtidos por diferentes métodos de extração. J Food Prot. 71: 2475-2480.

327- Kokotou, M., Revelou, P.-K., Pappas, C., e Constantinou-Kokotou, V. 2017. Estudos de espetrometria de massa de alta resolução de sulforafano e indol-3-carbinol em brócolis. 237: 566-573.

328- Kommineni, N., Saka, R., Bulbake, U., e Khan, W. 2019. Liposferas co-carregadas de cabazitaxel e timoquinona como uma combinação sinérgica para o cancro da mama. Química e Física dos Lípidos. 224: 104707.

329- Kouidhi, B., Zmantar, T., Jrah, H., Souiden, Y., Chaieb, K., Mahdouani, K., et al. 2011. Actividades antibacterianas e modificadoras da resistência da timoquinona contra agentes patogénicos orais. Ann. Clin. Microbiol. Antimicrob. 10(29).

330- Kwon, Y.-S., Kin, H.-J., Hwang, Y.-C., Rosa, V., Yu, M.-K., e Min, K.-S. 2017. Efeitos do galato de epigalocatequina, um agente de reticulação antibacteriano, na proliferação e diferenciação de células da polpa dentária humana cultivadas em suportes de colagénio. Journal of Endodontics. 43(2); 289-296.

331- Langston-Cox, A., Muccini, A. M., Marshall, S. A., Yap, Y., Palmer, K. R., Wallace, E. M., e Ellery, S. J. 2020. O sulforafano melhora a função mitocondrial do sinciciotrofoblasto após lesão hipóxica e superóxido in vitro. Placenta. DOI: 10.1016/j.placenta 2020.05.005

332- Le, C. T., Leenders, W. P. J., Molenaar, R. J., e van Noorden, C. J. F. . Efeitos do polifenol do chá verde epigalocatequina-3-galato no glioma: A critical evaluation of the literature. Nutrition and Cancer. 70(3): 317-333.

333- Lee, K. M., Kim, W. S., Lim, J., Nam, S., Youn, M., Nam, S. W., et al. 2009. Antipathogenic properties of green tea polyphenol epigallocatechin gallate at concentrations below the MIC against enterohemorrhagic Escherichia coli O157: H7. J Food Prot. 72: 325-331.

334- Lee, J.-H., Jeong, J.-K., e Park, S.-Y. 2014. O fluxo de autofagia induzido por sulforafano previne a neurotoxicidade mediada pela proteína prion através da via AMPK. Neuroscience. 278: 31-39.

335- Lee, E.-J., Kim, J.-L., Kim, Y.-H., Kang, M.-K., Gong, J.-H., e Kang, Y.-H. 2014. A floretina promove a apoptose de osteoclastos em macrófagos murinos e inibe a osteoporose induzida por deficiência de estrogênio em camundongos. Fitomedicina. 21(10): 1208-1215.

336- Lee, J., Ahn, H., Hong, E.-J., An, B.-S., Jeung, E.-B., e Lee, G-S. 2016. O sulforafano atenua a ativação dos inflamassomas NLRP3 e NLRC4, mas não do inflamassoma AIM2. Imunologia celular. 306-307: 53-60.

337- Lee, C., Yang, S., Lee, B.-S., Jeong, S. Y., Kim, K.-M., Ku, S.-K., e Bae, J.-S. 2020. Efeitos protetores hepáticos do sulforafano através da modulação de vias inflamatórias. Jornal de Pesquisa de Produtos Naturais Asiáticos. 22(4): 386-396.

338- Li, Y., Zhang, T., Schwartx, S. J., e Sun, D. 2011. O sulforafano potencia a eficácia do 17-alilamino 17-demetoxigeldanamicina contra o cancro do pâncreas através da anulação da função da chaperona Hsp90. Nutrition and Cancer. 63(7): 1151-1159.

339- Li, S., Hattori, T., e Kodama, E. N. 2011. O galato de epigalocatequina inibe a etapa de transcrição reversa do HIV. Química Antiviral e Quimioterapia. 21: 239-243.

340- Li, X., Zhao, Z., Li, M., Liu, M., Bahena, A., Zhang, Y., Zhang, Y., Nambiar, C., e Liu, G. 2018. O sulforafano promove a apoptose, inibe a proliferação e a auto-renovação de células cancerígenas nasofaríngeas, visando o sinal STAT através do miRNA-124-3p. Biomedicina e Farmacoterapia. 103: 473-481.

341- Li, J., Song, D., Wang, S., Dai, Y., Zhou, J., e Gu, J. 2020. Efeito antiviral do galato de epigalocatequina através da ligação prejudicada do circovírus porcino tipo 2 ao recetor da célula hospedeira. Viruses. 12: 176.

342- Liang, H., e Yuan, Q. 2012. Sulforafano natural como um agente quimiopreventivo funcional: incluindo uma revisão dos métodos de isolamento, purificação e análise. Crit Rev Biotechnol. 32: 218-234.

343- Liao, Z.-H., Zhu, H.-Q., Chen, Y.-Y., Chen, R.-L., Fu, L.-X., Zhou, H., Zhou, J.-L., e Liang, G. 2020. O derivado de galato de epigalocatequina Y$_6$ inibe o carcinoma hepatocelular humano inibindo a angiogénese nas vias dependentes de MAPK/ERK1/2 e PI3L/AKT/HIF-1α/VEGF. Journal of Ethnopharmacology. 259: 112852.

344- Lin, C. L., Chen, T. F., Chiu, M. J., et al. 2009. O galato de epigalocatequina (EGCG) suprime a neurotoxicidade induzida por beta-amiloide através da inibição da transloação nuclear c-Abl/FE65 e da ativação da GSK3 beta. Neurobiol Aging. 30: 81-92.

345- Lin, S.-C., Chen, M.-C., Liu, S., Calahan, V. M., Bracci, N. R., Lehman, C. W., Dahal, B., de la Fuente, C. L., Lin, C.-C., Wang, T. T., e Kehn-Hall, K. 2019. A floretina inibe a infeção pelo vírus Zika, interferindo na utilização da glicose celular. Jornal Internacional de Agentes Antimicrobianos. 54(1): 80-84.

346- Ling, J.-X., Wei, F., Li, N., Li, J.-J., Chen, L.-J., liu, Y.-Y., Luo, F., Xiong, H.-R., Hou, W., e Yang, Z.-Q. 2012. Melhoria da formação de espécies reactivas de oxigénio induzidas pelo vírus da gripe por galato de epigalocatequina derivado do chá verde. Ata Phamacologica Sinice. 33: 1533-1541.

347- Liu, Y., Zhang, L., e Liang, J. 2015. A ativação da via de defesa Nrf2 contribui para os efeitos neuroprotetores da floretina na lesão por estresse oxidativo que altera a isquemia / reperfusão cerebral em ratos. Jornal de Ciências Neurológicas. 251(1-2): 88-92.

348- Liu, X., Dong, J., Cai, Q., Pan, Y., Li, R., e Li, B. 2017. O efeito da timoquinona na apoptose da célula de câncer de ovário SK-OV-3 pela regulação de bcl-2 e bax. Int J Gynecol Canc. 27(8): 1596-1601.

349- Liu, Z., Nakashima, S., Nakamura, T., Munemasa, S., Murata, Y., e Nakamura, Y. 2017. (-)-Epigalocatequina-3-galato inibe a atividade da enzima conversora da angiotensina humana através de um mecanismo dependente da autoxidação. Jornal de Toxicologia Bioquímica e Molecular.

350- Liu, J. B., Li, J. L., Zhuang, K., Liu, H., Wang, X., Xiao, Q. H., Li, X. D., Zhou, R. H., Ma, T. C., Zhou, W., Liu, M. Q., e Ho, W. Z. 2012. A aplicação local pré-exposição de epigalocatequina-3-galato previne a infeção rectal de macacos por SHIV. Imunologia das Mucosas. 11: 1230-1238.

351- Liu, Y., Zhang, Z., Lu, X., Meng, J., Qin, X., e Jiang, J. 2020. Efeitos anti-nociceptivos e anti-inflamatórios do sulforafano na endometriose ciática em um modelo de rato. Neuroscience Letters. 723: 134858.

352- Liu, J., Zhong, T., Yi, P., Fan, C., Zhang, Z., Liang, G., Xu, Y., e Fan, Y. 2020. Um novo derivado de galato de epigalocatequina isolado do chá escuro Anhua sensibiliza a quimiossensibilidade do gefitinibe através da supressão de PI3K / mTOR e transição epitelial mesenquimal. Fitoterapia. 143: 104590.

353- Liu, R., Zhang, T., Wang, T., Chang, M., Jin, Q., e Wang, X. 2020. Síntese assistida por micro-ondas e atividade antioxidante do galato de palmitoil-epigalocatequina. LWT. 101: 663-669.

354- Lu, M., Kong, Q., Xu, X., Lu, H., Lu, Z., Yu, W., Zuo, B., Su, J., e Guo, R. 2015. Avaliação da atividade apoptótica e inibidora do crescimento da floretina na célula de câncer gástrico BGS823. Jornal Tropical de Pesquisa Farmacêutica. 14(1): 27-31.

355- Lu, Y., Chen, J., Ren, D., Yang, X., e Zhao, Y. 2017. Efeitos hepatoprotectores da floretina contra CCl_4 - lesão hepática induzida em ratos. Imunologia alimentar e agrícola. 28(2): 211-222.

356- Lubelska, K., Wiktorska, K., Mielzcarek, L., Milczarek, M., Zbroinska-Bregisz, I., e Chilmonczyk, Z. 2016. O sulforafano regulou as enzimas de fase II e de fase III do metabolim xenobiótico dependente de NFE2L2/Nrf2 de forma diferente no cancro colorrectal humano e nas células epiteliais do cólon não transformadas. Nutrition and Cancer. 68(8): 1338-1348.

357- Lubecka, K., Kaufman-Szymczyk, A., e Fabianowska-Majewska, K. 2018. A inibição do crescimento de células de câncer de mama pela combinação de clofarabina e sulforafano envolve a regulação positiva de CDKN2A mediada epigeneticamente. Nucleosídeos, nucleotídeos e ácidos nucleicos. 37: 280-289.

358- Lv, X., Meng, G., Li, W., Fan, D., Wang, X., Espinoza-Pinochet, C. A., e Cespedes-Acuna, C. L. 2020. Sulforafano e seus efeitos antioxidantes em sementes de brócolis e brotos de diferentes cultivares. Food Chemistry. 316: 126216.

359- Lai-Kwon, J., Tiu, C., Pal, A., Khurana, S., Minchom, A. 2021. Indo além da resistência ao recetor do fator de crescimento epidérmico no câncer de pulmão metastático de células não pequenas - uma perspetiva de desenvolvimento de medicamentos. Revisões Críticas em Oncologia/Hematologia. 159: 103225. https://doi.org/10.1016/j.critrevonc.2021.103225

360- Lambert, C., Borderie, D., Dubuc, J.-E., Rannou, F., e Henrotin, Y.2019. O peptídeo de colágeno tipo II Coll2-1 é um ator da sinovite. Osteoartrite e Cartilagem. 27(11): 1680-1691. https://doi.org/10.1016/j.joca.2019.07.009

361- Lane, B. A., Harmon, K. A., Goodwin, R. L., Yost, M. J., Shazly, T., e Eberth, J. F. 2018. Modelagem constitutiva de hidrogéis de colágeno tipo I compressíveis. Engenharia Médica e Física. 53: 39-48. https://doi.org/10.1016/j.medengphy.2018.01.003

362- Ledeganck, K. J., Brinker, M. D., Peeters, E., Verschueren, A., De Winter, B. Y., France, A., Dotremont, H., Trouet, D. 2021. A próxima geração: O fator de crescimento epidérmico urinário está associado a um declínio precoce da função renal em crianças e adolescentes com diabetes mellitus tipo I. Pesquisa e Prática Clínica em Diabetes. 178: 108945. https://doi.org/10.1016/j.diabres.2021.108945

363- Lee, J., Jung, E., Yu, H., Kim, Y., Ha, J., Kim, Y. S., e Park, D. 2008. Mechanisms of carvacrol-induced expression of type I collagen gene. Journal of Dermatological Science. 52(3): 160-169. https://doi.org/10.1016/j.jdermsci.2008.06.007

364- Lee, M. J., Agrahari, G., Kim, H.-Y., An, E.-J., Chun, K.-H., Kang, H., Kim, Y.-S., Bang, C. W., Tak, L.-J., Kim, T.-Y. 2021. A superóxido dismutase extracelular previne o envelhecimento da pele, promovendo a produção de colagénio através da ativação das cascatas AMPK e Nrf2?HO-1. Journal of Investigative Dermatology. 141(10): 2344-2353. https://doi.org/10.1016/j.jid.2021.02.757

365- Lei, G.-S., Kline, H. L., Lee, C.-H., Wilkes, D. S., Zhang, C. 2016. Regulação da expressão de colágeno V e transição epitelial-mesenquimal por miR-185 e miR-186 durante a fibrose pulmonar idiopática. O Jornal Americano de Patologia. 186(9): 2310-2316. https://doi.org/10.1016/j.ajpath.2016.04.015

366- Leiphart, R. J., Weiss, S. N., DiStefano, M. S., Mavridis, A. A., Adams, S. A., Dymernt, N. A., e Soslowsky, L. J. 2022. A deficiência de colágeno V durante a cicatrização do tendão murino resulta em resultados de cicatrização distintos com base na gravidade do knockdown. Journal of Biomechanics. 144: 111315. https://doi.org/10.1016/j.jbiomech.2022.111315

367- Leitinger, B., e Kwan, A. P. L. 2006. O recetor do domínio da discoidina DDR2 é um recetor para o colagénio do tipo X. Matrix Biology. 25(6): 355-364. https://doi.org/10.1016/j.matbio.2006.05.006

368- Leytin, V. L., Misselwitz, F., Avdenin, P. V., Podrez, E. A., Domogatsky, S. P., e Tkachuk, V. A. 1989. O éster de forbol estimula a disseminação de plaquetas e a formação de agregados semelhantes a trombos na superfície do colagénio tipo V imobilizado. Thrombosis Research. 55(3): 309-318. https://doi.org/10.1016/0049-3848(89)90063-7

369- Li, J., Zhang, K., Chen, H., Liu, T., Yang, P., Zhao, Y., Huang, N. 2014. Um novo revestimento de colágeno tipo IV e ácido hialurônico em material de stent-titânio para promover o fenótipo contrátil de células musculares lisas. Ciência e Engenharia de Materiais C. 38: 235-243. https://doi.org/10.1016/j.msec.2014.02.008

370- Li, W., Chi, N., Rathnayake, R. A. C., e Wang, R. 2021. Papéis distintos do colágeno fibrilar I e do colágeno III na mediação da interação fibroblastos-matriz: Um estudo nanoscópico. Biochemical and Biophysical Research Communications. 560: 66-71. https://doi.org/10.1016/j.bbrc.2021.04.088

371- Li, W., Kobayashi, T., Meng, D.-W., Miyamoto, N., Tsutsumi, N., Ura, K., e Takagi, Y. 2021. Atividade de eliminação de radicais livres de peptídeos de colágeno tipo II e oligossacarídeos de sulfato de condroitina de subprodutos do processamento de raia mosqueada. Food Bioscience. 41: 100991. https://doi.org/10.1016/j.fbio.2021.100991

372- Lida, M., Yamamoto, M., Ishiguro, Y. S., Yamazaki, M., Ueda, N., Honjo, H., Kamiya, K. 2014. O colágeno urinário tipo IV está relacionado à função diastólica do ventrículo esquerdo e ao peptídeo natriurético cerebral em pacientes hipertensos com pré-diabetes. Journal of Diabetes and its Complications. 28(6), 824-830. https://doi.org/10.1016/j.jdiacomp.2014.08.005

373- Lim, H.-S., Lee, S. H., Seo, H., Lee, H.-H., Yoon, K., Kim, Y.-U., Park, M.-K., Chung, J. H., Lee, Y.-S., Lee, D. H., e Park, G. 2022. Os danos causados pela irradiação ultravioleta na fase inicial do colagénio da pele podem ser suprimidos pelo controlo do eixo HPA através do CYP11B controlado. Biomedicina e Farmacoterapia. 155: 113716. https://doi.org/10.1016/j.biopha.2022.113716

374- Lin, P.-S., Chang, H.-H., Yeh, C.-Y., Chang, M.-C., Chan, C.-P., Kuo, H.-Y., Liu, H.-C., Liao, W.-C., Jeng, P.-Y., Yeung, S.-Y., Jeng, J.-H. 2017. O fator de crescimento transformador beta 1 aumenta o conteúdo de colágeno e estimula o procolágeno I e o inibidor de tecido da produção de metaloproteinase-1 de células da polpa dentária: Papel da sinalização MEK/ERK e activin recetor-like kinase-5/Smad. Journal of the Formosan Medical Association. 116(5): 351-358. https:/doi.org/10.1016/j.jfma.2016.07.014

375- Lindsey, S., Langhans, S. A. 2015. Sinalização do fator de crescimento epidérmico em células transformadas. Int Rev Cell Mol Biol. 314: 1-41. https://doi.org/10.1016/bs.ircmb.2014.10.001

376- Liu, J.-C., Wang, F., Xie, M.-L., Chen, Z.-Q., Qin, Q., Chen, L., e Chen, R. 2017. Osthole inibe as expressões de colágeno I e III através da via de sinalização Smad após o tratamento com TGF-β1 em fibroblastos cardíacos de camundongos. Jornal Internacional de Cardiologia. 228: 388-393. https://doi.org/10.1016/j.ijcard.2016.11.202

377- Liu, Y.-N., Jiang, Z.-C., Li, S.-Y., Li, Z.-Z., Wang, H., Liu, Y., Liao, Y.-C., Han, J., e Chen, J.-H. 2020. A integrina α2β1 está envolvida na diminuição do colágeno tipo II induzida pela toxina T-2 em condrócitos C28 / 12. Toxicon. 186: 12-18. https://doi.org/10.1016/j.toxicon.2020.07.016

378- Liu, C.-F., Chang, K.-C., Sun, Y.-S., Nguyen, D. T., e Huang, H.-H. 2021. Imobilização de colagénio de tipo I através de genipina de reticulador natural para melhorar as respostas osteogénicas à superfície do implante de titânio. Jornal de Investigação e Tecnologia de Materiais. 15: 885-900. https://doi.org/10.1016/j.jmrt.2021.08.058

379- Liu, H., Li, M., Tang, K., Liu, J., Li, X., e Meng, X. 2022. Evolução da conformação e das propriedades térmicas do colagénio de peles bovinas na solução de sulfureto de sódio. Journal of Molecular Liquids. 367(Part A): 120449. https://doi.org/10.1016/j.molliq.2022.120449

380- Liu, Y., Li, P., Jiang, T., Li, Y., Wang, Y., Cheng, Z. 2023. Epidermal growth fator recetor in astham: Um alvo terapêutico promissor? Respiratory Medicine. 207: 107117. https://doi.org/10.1016/j.rmed.2023.107117

381- Longo, A., Tobiasch, E., e Luparello, C. 2014. O colagénio tipo V neutraliza a osteodiferenciação de células estaminais mesenquimais humanas. Biologicals 42(5): 294-297. https://doi.org/10.1016/j.biologicals.2014.07.002

382- Lu, J., Liu, L., Zhu, Y., Zhang, Y., Wu, Y., Wang, G., Zhang, D., Xu, J., Xie, X., Ke, R., Han, D., Li, S., Feng, W., Xie, M., Liu, Y., Fang, P., Shi, H., He, P., Liu, Y., Sun, X., Li, M. 2014. PPAR-γ inibe a produção de colágeno induzida por IL-13 em fibroblastos das vias aéreas de camundongos. Jornal Europeu de Farmacologia. 737: 133-139. https://doi.org/10.1016/j.ejphar.2014.05.008

383- Lu, J., Shi, J., Li, M., Gui, B., Fu, R., Yao, G., Duan, Z., Lv, Z., Yang, Y., Chen, Z., Jia, L., Tian, L. 2015. A ativação da AMPK pela metformina inibe a produção de colágeno induzida por TGF-β em fibroblastos renais de camundongos. Ciências da Vida. 127: 59-65. https://doi.org/10.1016/j.lfs.2015.01.042

384- Luvalle, P., Daniels, K., Hay, E. D., Olsen, B. R. 1992. Type X collagen is transcriptionally activated and specifically localized during sternal cartilage maturation. Matrix. 12(5): 404-413. https://doi.org/10.1016/S0934-8832(11)8--37-5

385- Mady, M. M. 2007. Estudos biofísicos sobre a interação colagénio-lípido. Journal of Bioscience and Bioengineering. 104(2): 144-148. https://doi.org/10.1263/jbb.104.144

386- Maehata, Y., Takamizawa, S., Ozawa, S., Izukuri, K., Kato, Y., Sato, S., Lee, M.-C.-I., Kimura, A., e Hata, R.-I. 2007. O colagénio tipo III é essencial para a aceleração do crescimento de células osteoblásticas humanas pelo ácido ascórbico 2-fosfato, um derivado de vitamina C de ação prolongada. Matrix Biology. 26(5): 371-381. https://doi.org/10.1016/j.matbio.2007.01.005

387- Maemoto, T., Kitai, Y., Takahashi, R., Shoji, H., Yamada, S., Takei, S., Ito, D., Muromoto, R., Kashiwakura, J.-I., Handa, H., Hashimoto, A., Hashimoto, S., Ose, T., Oritani, K., Matsuda, T. 2023. Um peptídeo derivado da proteína adaptadora STAP-2 inibe a progressão do tumor ao regular negativamente a sinalização do recetor do fator de crescimento epidérmico. Journal of Biological Chemistry. 299(1): 102724. https://doi.org/10.1016/j.jbc.2022.102724

388- Maepa, M., Razwinani, M., e Motaung, S. 2016. Efeitos do resveratrol na proteína de colagénio tipo II nos condrócitos da zona superficial e média da cartilagem articular porcina. Journal of Ethnopharmacology. 178: 25-33. https://doi.org/10.1016/j.jep.2015.11.047

389- Makuszewska, M., Bonda, T., Cieslinska, M., Bialuk, I., Winnicka, M. M., Skotnicka, B., e Hassmann-Poznanska, E. 2019. Expressão de colágenos tipo I e V na cicatrização de ratos' s membrana timpânica. Jornal Internacional de Otorrinolaringologia Pediátrica. 118: 79-83. https://doi.org/10.1016/j.ijporl.2018.12.020

390- Makuszewska, M., Bonda, T., Cieslinska, M., Bialuk, I., Winnicka, M. M., e Niemczyk, K. 2020. Expressão de colagénio tipo III na cicatrização da membrana timpânica. Jornal Internacional de Otorrinolaringologia Pediátrica. 136: 110196. https://doi.org/10.1016/j.ijporl.2020.110196

391- Manimegalai, N. P., Ramanthan, G., Gunasekaran, D., Jeyakumar, G. F. S., e Sivagnanam, U. T. 2022. Acuidade cardinal na extração e caraterização do colagénio solúvel das sucatas de matadouro subutilizadas para exigências clínicas. Porcess Biochemistry. 122(Parte 1): 29-37. https://doi.org/10.1016/j.procbio.2022.08.011

392- Marangoni, R. G., Korman, B. D., Parra, E. R., Velosa, A. P. P., Barbeiro, H. V., Martins, V., Santos, A. B. G. D., Soriano, F., Teodoro, W. R., Silva, P. L., Tourtellotte, W., Capelozzi, V. L., Varga, J., e Yoshinari, N. H. 2021. O remodelamento vascular pulmonar patológico é induzido pelo colágeno tipo V em um modelo de esclerodermia. Patologia - Pesquisa e Prática. 220: 153382. https://doi.org/10.1016/j.prp.2021.153382

393- Marin, S., Godet, I., Nidadavolu, L. S., Tian, J., Dickinson, L. E., Walston, J. D., Gilkes, D. M., Abadir, P. M. 2022. O tratamento combinado de valsartan e sacubitril aumenta a produção de colagénio em células da pele humana de adultos mais velhos. Experimental Gerontology. 165: 111835. https://doi.org/10.1016/j.exger.2022.111835

394- Martins, V., Silva, A. L. D., Teodoro, W. R., Velosa, A. P. P., Balancin, M. L., Cruz, F. F., Silva, P. L., Rocco, P. R. M., e Capelozzi, V. L. 2020. Evidência in situ de que o colágeno V e a via de sinalização da zona inflamatória encontrada 1 (FIZZ1) estão associados ao granuloma silicótico em camundongos pulmonares. Patologia-Pesquisa e Prática. 216(9): 153094. https://doi.org/10.1016/j.prp.2020.153094

395- Martyniak, K., Lokshina, A., Cruz, M. A., Karimzadeh, M., Kemp, R., e Kean, T. J. 2022. Composição e rigidez do biomaterial como propriedades decisivas de construções bioimpressas 3D para estimulação de colagénio tipo II. Ata Biomaterialia. 152: 221-234. https://doi.org/10.1016/j.actbio.2022.08.058

396- McCluskey, A. R., Hung, K. S. W., Marzec, B., Sindt, J. O., Sommerdijk, N. A. J. M., Camp, P. J., e Nudelman, F. 2020. Os filamentos desordenados medeiam a fibrilogénese do colagénio tipo I em solução. Biomacromolecules. 21(9): 3631-3643. https://doi.org/10.1021/acs.biomac.0c00667

397- McLeod, O., Duner, P., Samnegard, A., Tornvall, P., Nilsson, J., Hamsten, A., Bengtsson, E. 2015. Autoanticorpos contra o colágeno da membrana basal tipo IV estão associados ao infarto do miocárdio. IJC Heart & Vasculature. 6: 42-47. https://doi.org/10.1016/j.ijcha.2014.12.003

398- Meng, D., Tanaka, H., Kobayashi, T., Hatayama, H., Zhang, X., Ura, K., Yunoki, S., e Takagi, Y. 2019. O efeito do pré-tratamento alcalino nas caraterísticas bioquímicas e nas habilidades de formação de fibrilas dos tipos I e II de colágeno extraído dos subprodutos do esturjão bester. Jornal Internacional de Macromoléculas Biológicas. 131: 572-580. https://doi.org/10.1016/j.ijbiomac.2019.03.091

399- Meng, D., Li, W., Ura, K., e Takago, Y. 2020. Efeitos da concentração de iões fosfato na fibrilogénese *in vitro* do colagénio tipo I do esturjão. Jornal Internacional de Macromoléculas Biológicas. 148: 182-191. https://doi.org/10.1016/j.ijbiomac.2020.01.128

400- Midura, R. J., Vasanji, A., Su, X., Wang, A., Midura, S. B., e Gorski, J. P. 2007. Calcoesferulitos isolados da frente de mineralização do osso induzem a mineralização do colagénio tipo I. Bone. 41(6): 1005-1016.

401- Mimura, Y. Ihn, H., Jinnin, M., Asano, Y., Yamane, K., e Tamaki, K. 2006. O fator de crescimento epidérmico afecta a síntese e a degradação do colagénio tipo I em fibroblastos dérmicos humanos em cultura. Matrix Biology. 25(4): 202-212. https://doi.org/10.1016/j.matbio.2005.12.002

402- Miyauchi, J. T., Pagan, C. A., e Kudose, S. 2022. Glomerulopatia de colagénio tipo III numa amostra de nefrectomia tumoral: cuidado com uma doença renal médica coincidente. Patologia. https://doi.org/10.1016/j.pathol.2022.06.006

403- Mohanty, C., e Pradhan, J. 2020. Um bioconjugado de curativo de fator de crescimento epidérmico humano-curcumina carregado com células-tronco mesenquimais para cicatrização de feridas diabéticas *in vivo*. Ciência e Engenharia de Materiais C. 111: 110751. https://doi.org/10.1016/j.msec.2020.110751

404- Monnet, E., Sizaret, P.-Y., Arbeille, B., e Fauvel-Lafeve, F. 2000. Papel diferente da glicoproteína plaquetária GP Ia/IIa no contacto e ativação plaquetários induzidos por colagénios de tipo I e tipo II. Thrombosis Research. 98(5): 423-433. https://doi.org/10.1016/S0049-3848(00)00199-7

405- Montalbano, G., Molino, G., Fiorilli, S., e Vitale-Brovarone, C. 2020. Síntese e incorporação de nano-hidroxiapatita em forma de bastão na matriz de colagénio tipo I: Uma formulação híbrida para impressão 3D de andaimes ósseos. Jornal da Sociedade Europeia de Cerâmica. 40(11): 3689-3697. https://doi.org/10.1016/j.jeurceramsoc.2020.02.018

406- Moo, E. K., Ebrahimi, M., Sibole, S. C., Tanska, P., e Korhonen, R. K. 2022. A qualidade intrínseca dos proteoglicanos, mas não das fibras de colagénio, degrada-se na cartilagem osteoartrítica. Ata Biomatrialia. https://doi.org/10.1016/j.actbio.2022.09.002

407- Morita, M., Sugihara, H., Tokunaka, K., Tomura, A., Saiga, K., Sato, T., Imamura, Y., Hayashi, T. 2017. Preparação e caraterização parcial de anticorpos monoclonais específicos para a forma helicoidal não tripla nascente da cadeia alfa 1 do colagénio tipo IV. Relatórios de Bioquímica e Biofísica. 9: 128-132. https://doi.org/10.1016/j.bbrep.2016.11.013

408- Mort, J. S., Beaudry, F., Theroux, K., Emmott, A. A., Richard, H., Fisher, W. D., Lee, E. R., e Laverty, A. R. P. 2016. Degradação precoce da catepsina K do colagénio tipo II *in vito* e *in vivo* na cartilagem articular. Osteoartrite e Cartilagem. 24(8): 1461-1469. https://doi.org/10.1016/j.joca.2016.03.016

409- Mundel, T. M., e Kalluri, R. 2007. Inibidores da angiogénese derivados do colagénio tipo IV. Microvascular Research. 74(2-3): 85-89. https://doi.org/10.1016/j.mvr.2007.05.005

410- Murasawa, Y., Hayashi, T., e Wang, P.-C. 2008. O papel da fibrila de colagénio do tipo V como ECM que induz a motilidade das células endoteliais glomerulares.

Experimental Cell Research. 314(20): 3638-3653. https://doi.org/10.1016/j.yexcr.2008.08.024

411- Mabe, K., Yamada, M., Oguni, I., e Takahashi, T. 1999. Actividades in vitro e in vivo das catequinas do chá contra *Helicobacter pylori*. Antimicrob Agents Chemother. 43; 1788-1791.

412- Mabrouk, A., e Cheikh, H. B. 2016. A timoquinona melhora a supressão induzida por chumbo do sistema antioxidante nos rins de ratos. Jornal Líbio de Medicina. 11(1): 31018.

413- Mahboubi, M. 2018. Abordagem terapêutica natural do óleo fixo de *Nigella sativa* (semente preta) no manejo da sinusite. Pesquisa em Medicina Integrativa. 7: 27-32.

414- Mahmoud, Y. K., e Abdelrazek, H. M. A. 2019. Cancro: Efeito antioxidante/pro-oxidante da timoquinona como potencial remédio anticancerígeno. Biomedicina e Farmacoterapia. 115: 108783.

415- Mahmoudvand, H., Sepahvand, A., Jahanbakhsh, S., Ezatpour, B., Ayatollahi Mousavi, S. A. 2014. Avaliação das actividades antifúngicas do óleo essencial e de vários extractos de *Nigella sativa* e dos seus principais componentes, timoquinona, contra estirpes de dermatófitos patogénicos. J Mycol Med. 24: e155-e161.

416- Mahn, A., Marin, C., Reyes, A., e Saavedra, A. 2016. Evolução do teor de sulforafano em brócolos enriquecidos com sulforafano durante a secagem em tabuleiro. Jornal de Engenharia Alimentar. 186: 27-33.

417- Majadalawieh, A. F., Fayyad, M. W., e Nasrallah, G. K. 2017. Propriedades anticancerígenas e mecanismos de ação da timoquinona, o principal ingrediente ativo da *Nigella sativa*. Revisões críticas em ciência alimentar e nutrição. 57(18): 3911-3928.

418- Mansour, M. A., Nagi, M. N., El-Khatib, A. S., e Al-Bekairi, A. M. 2002. Efeitos da timoquinona nas actividades das enzimas antioxidantes, peroxidação lipídica e DT-diaforase em diferentes tecidos de ratos: um possível mecanismo de ação. Cell Biochem Funct. 20: 143-151.

419- Mansour, M., e Tornhamre, S. 2004. Inibição da 5-lipoxigenase e da leucotrieno C4 sintase em células sanguíneas humanas por timoquinona. J Enzyme Inhib Med Chem. 19: 431-436.

420- Mashayekhi-Sardoo, H., Rezaee, R., e Karimi, G. 2020. Uma visão geral do perfil toxicológico in vivo da timoquinona. Toxin Reviews. 39(2): 115-122.

421- Meng, Q., Velalar, C. N., e Ruan, R. 2008. Regulação dos danos oxidativos relacionados com a idade, integridade mitocondrial e atividade enzimática antioxidativa em ratos Fischer 344 através da suplementação do antioxidante epigalocatequina-3-galato. Rejuvenation Research. 11(3): 649-660.

422- McKay, D. L., Facn, e Blumberg, J. B. 2007. Papéis do galato de epigalocatequina nas doenças cardiovasculares e na obesidade; uma introdução. Jornal do Colégio Americano de Nutrição. 26(4): 3625-3655.

423- Mielczarek, L., Krug, P., Mazur, M., Milczarek, M., Chilmonczyk, Z., e Wiktorska, K. 2019. Nas linhas celulares de câncer de mama triplo-negativo MDA-MB-231, o sulforafano aumenta o acúmulo intracelular e a ação anticâncer da doxorrubicina encapsulada em lipossomas. International Journal of Pharmaceutics. 558: 311-318.

424- Mori, T., Ishii, T., Akagawa, M., Nakamura, Y., e Nakayama, T. 2010. Ligação covalente de catequinas de chá a tióis de proteínas: A relação entre estabilidade e reatividade electrofílica. Biociência, Biotecnologia e Bioquímica. 74(12): 2451-2456.

425- Mostafa, R., Moustafa, Y., e Mirghani, Z. 2012. A timoquinona sozinha ou em combinação com fenobarbital reduz o escore de convulsões e a carga oxidativa em ratos induzidos por pentilenotetrazol. Oxidantes e Antioxidantes em Ciências Médicas. 1(3): 185-192.

426- Naasani, I., Oh-hashi, F., Oh-hara, t., et al. 2003. Blocking relomerase by dietary polyphenols is a major mechanism for limiting the growth of human cancer cells in viro and in vivo. Cancer Research. 63(4); 824-830.

427- Nagai, K., Jiang, M. H., Hada, J., et al. 2002. (-)-Epigalocatequina galato protege contra danos neuronais induzidos por stress de NO após isquemia, actuando como um anti-oxidante. Brain Research. 956(2): 319-322.

428- Nagi, M. N., e Mansour, MA. 2000. Efeito protetor da timoquinona contra a cardiotoxicidade induzida pela doxorrubicina em ratos: um possível mecanismo de proteção. Pharmacol Res. 41: 283-289, PMID: 10675279.

429- Nakamuta, M., Higashi, N., Kohjima, M., et al. 2005. A epigalocatequina-3-galato, um componente polifenólico do chá verde, suprime tanto a produção de colagénio como a atividade da colagenase nas células estreladas hepáticas. International Journal of Molecular Medicine. 16(4); 677-681.

430- Nakayama, M., Shimatani, K., Ozawa, T., Shigemune, N., Tomiyama, D., Yui, K., Katsuki, M., Ikeda, K., Nonaka, A., e Miyamoto, T. 2015. Mecanismos para a ação antibacteriana do galato de epigalocatequina (EGCg) em *Bacillus subtilis*. Biociência, Biotecnologia e Bioquímica. 79(5): 845-854.

431- Nan, Y., e Shang, Y.-X. 2019 O galato de epigalocatequina melhora a inflamação das vias aéreas, regulando o desequilíbrio Treg / Th17 em um modelo de mouse asmático. Imunofarmacologia internacional. 72: 422-428.

432- Nance, C. L., Siwak, E. B., e Shearer, E. T. 2009. Desenvolvimento preditivo da catequina do chá verde, galato de epigalocatequina, como terapia para o VIH-1. J. Allergy Clin. Immunol. 123: 459-465.

433- Naumann, P., Fortunato, F., Zentgraf, H., Buchler, M. W., Herr, I., e Werner, J. 2011. A autofagia e a sinalização da morte celular após o sulforafano na dieta agem independentemente uma da outra e requerem estresse oxidativo no câncer de pâncreas. Revista Internacional de Oncologia. 39: 101-109.

434- Navarro-Martinez, M. D., Garcia-Canovas, F., e Rodriguez-Lopez, J. N. 2006. O polifenol do chá epigalocatequina-3-galato inibe a síntese de ergosterol através da perturbação do metabolismo do ácido fólico em Candida albicans. J Antimicrob Chemother. 57: 1083-1092.

435- Negrette-Guzman, M., Huerta-Yepez, S., Vega, M. I., Leon-Contreras, J. C., Hernandez-Pando, R., Medina-Campos, O. N., Rodriguez, E., Tapia, E., e Pedraza-Chaverri, J. 2017. O sulforafano induz a modulação diferencial da biogênese e dinâmica mitocondrial em células normais e células tumorais. Toxicologia alimentar e química. 100: 92-102.

436- Negrette-Guzman, M. 2019. Combinações dos antioxidantes sulforafano ou curcumina e o antineoplásico convencional cisplatina ou doxorrubicina como perspectivas para a quimioterapia anticâncer. Jornal Europeu de Farmacologia. 859: 172513.

437- Nessa, M. U., Beale, P., Chan, C., Yu, J. Q., e Huq, F. 2011. Sinergismo de combinações de cisplatina e oxaliplatina com quercetina e timoquinona em modelos de tumor ovariano humano. Anticancer Res. 31(11): 3789-3797.

438- Nilsuwan, K., Guerrero, P., Caba, K. D. I., Benjakul, S., e Prodpran, T. 2020. Propriedades e aplicação de filmes de bicamada à base de poli (ácido lático) e gelatina de peixe contendo galato de epigalocatequina fabricado por moldagem por compressão térmica. Food Hydrocolloids. 105: 105792.

439- Nithoya, T., e Udayakumar, R. 2017. Efeito protetor da floretina no stress oxidativo mediado pela hiperglicemia em ratos diabéticos experimentais. Alimentos Integrativos, Nutrição e Metabolismo. 5(1): 1-6.

440- Norouzi, F., Abareshi, A., Anaeigoudari, A., et al. 2016. Os efeitos da *Nigella sativa* no comportamento da doença induzido por lipopolissacarídeo em ratos Wistar machos. Avicenna Journal of Phytomedicine. 6(1): 104.

441- Nouri, H., Shojaeian, K., Samadian, F., Lee, S., Kohram, H., e Lee, I. K. 2018. Usando resveratrol e epigalocatequina-3-galato para melhorar a criopreservação de espermatozóides de garanhão com baixa qualidade. Jornal de Ciência Veterinária Equina. 70: 18-25.

442- Novy, P., Kloucek, P., Rondevaldova, J., Havlik, J., Kourimska, L., e Kokoska, L. 2014. O vapor de timoquinona afeta significativamente os resultados dos testes de sensibilidade de *Satphylococcus aureus* usando o método padrão de microdiluição em caldo. Fitoterapia. 94: 102-107.

443- Nakamura, T., Yoshida, H., Ota, Y., Endo, Y., Sayo, T., Hanai, U., Imagawa, K., Sasaki, M., Takahashi, Y. 2022. SPARC promove a produção de colagénio tipo IV e VII e a sua acumulação na membrana basal da pele. Journal of Dermatological Science. 107(2), 109-112. https://doi.org/10.1016/j.jdermsci.202.07.007

444- Nelson, M., Li, S., Page, S. J., Shi, X., Lee, P. D., Stevens, M. M., Hanna, J. V., e Jones, J. R. 2021. Scaffolds híbridos de sílica-gelatina impressos em 3D de tamanhos de canal específicos promovem a produção de colágeno tipo II, Sox9 e Aggrecan de condrócitos. Ciência e Engenharia de Materiais: C. 123: 111964. https://doi.org/10.1016/j.msec.2021.111964

445- Nham, G. T. H., Zhang, X., Asou, Y., e Shinomura, T. 2019. A expressão dos genes do colagénio tipo II e do aggrecan é regulada através de modificações epigenéticas distintas dos seus múltiplos elementos potenciadores. Gene. 704: 134-141. https://doi.org/10.1016/j.gene.2019.04.034

446- Nicol, L., Morar, P., Wang, Y., Henriksen, K., Sun, S., Karsdal, M., Smith, R., Nagamani, S. C. S., Shapiro, J., Lee, B., e Orwoll, E. 2019. Alterações nos biomarcadores de colagénio não tipo I na osteogénese imperfeita. Bone. 120: 70-74. https://doi.org/10.1016/j.bone.2018.09.024

447- Nicol, L. E., Coghlan, R. F., Cuthbertson, D., Nagamani, S. C. S., Lee, B., Olney, R. C., Horton, W., Membros do Consórcio para a Doença dos Ossos Frágeis, e Orwoll, E. 2021. Alterações de um marcador sérico de colagénio X em crianças em crescimento com osteogénese imperfeita. Bone. 149: 115990. https://doi.org/10.1016/j.bone.2021.115990

448- Nigdelioglu, R., Hamanaka, R. B., Meliton, A. Y., O' Leary, E., Witt, L. J., Cho, T., Sun, K., Bonham, C., Wu, D., Woods, P. S., Husain, A. N., Wolfgeher, D., Dulin, N. O., Chandel, N. S., Mutlu, G. M. 2016. O fator de crescimento transformador (TGF) -β promove a síntese de serina *de Novo* para a produção de colágeno. Jornal de Química Biológica. 291(53): 27239-27251. https://doi.org/10.1074/jbc.M116.756247

449- Nikolov, A, Tzekova, M., Kostov, K., e Popovski, N. 2020. Marcadores séricos circulantes da síntese de colágeno tipo III em pacientes de alto risco aterogênico com insuficiência cardíaca e doença arterial coronariana. Atherosclerosis. 315: e257. https://doi.org/10.1016/j.atherosclerosis.2020.10.811

450- Ninh, V. L., Hajj, E. C. E., Ronis, M. J., e Gardner, J. D. 2019. A N-acetilcisteína evita as diminuições na ração de colágeno cardíaco I / III e na função sistólica em camundongos neonatais com exposição pré-natal ao álcool. Cartas de Toxicologia. 315: 87-95.https://doi.org/10.1016/j.toxlet.2019.08.010

451- Nishimura, I., Chano, T., Kita, H., Matsusue, Y., e Okabe, H. 2011. A proteína RB1CC1 suprime a síntese de colagénio de tipo II nos condrócitos e causa nanismo. Journal of Biological Chemistry. 286(51): 43925-43932. https://doi.org/10.1074/jbc.M111.264192

452- Noe, B., Poole, A. R., Mort, J. S., Richard, H., Beachamp, G., e Laverty, S. 2017. C2K77 ELISA detecta a clivagem do colagénio tipo II pela catepsina K na cartilagem articular equina. Osteoartrite e Cartilagem. 25(12): 2119-2126. https://doi.org/10.1016/j.joca.2017.08.011

453- Nong, Z., O' Neil, C., Lei, M., Gros, R., Watson, A., Rizkalla, A., Mequanint, K., Li, S., Frontini, M. J., Feng, Q., e Pickering, J. G. 2021. A clivagem do colágeno tipo I é essencial para o reparo fibrótico eficaz após a infração do miocárdio. The American Journal of Pathology. 179(5): 2189-2198. https://doi.org/10.1016/j.ajpath.2011.07.017

454- Nystrom, H., Naredi, P., Hafstrom, L., Sund, M. 2011. Colagénio tipo IV como marcador tumoral para metástases hepáticas colorrectais. Jornal Europeu de Oncologia Cirúrgica. 37(7): 611-617. https://doi.org/10.1016/j.ejso.2011.04.010

455- Ohguchi, K., Banno, Y., Akao, Y., Nozawa, Y. 2006. Envolvimento da fosfolipase D1 na produção de colagénio tipo I de fibroblastos dérmicos humanos. Biochemical and Biophysical Research Communications. 348(4): 1398-1402. https://doi.org/10.1016/j.bbrc.2006.08.002

456- Ohno, T., Tanisaka, K., Hiraoka, Y., Ushida, T., Tamaki, T., e Tateishi, T. 2004. Efeito das esponjas de colagénio tipo I e tipo II como suportes 3D para a regeneração de tecidos semelhantes à cartilagem hialina no controlo fenotípico de condrócitos semeados *in vitro*. Ciência e Engenharia de Materiais: C. 24(3); 407-411. https://doi.org/10.1016/j.msec.2003.11.011

457- Okada, M., Yamawaki, H. 2019. Uma perspetiva atual da canstatina, um fragmento da cadeia alfa 2 do colágeno tipo IV. Jornal de Ciências Farmacológicas. 139: 59-64. https://doi.org/10.1016/j.jphs.12.001

458- Okano-Kosugi, H., Matsushita, O., Asada, S., Herr, A. B., Kitagawa, K., Koide, T. 2009. Desenvolvimento de um sistema de rastreio de alto rendimento para os compostos que inibem as interações colagénio-proteína. Analytical Biochemistry. 394(1); 125-131. https://doi.org/10.1016/j.ab.2009.07.017

459- Olsen, B. R., Alper, R., Kegalides, N. A. 1973. Caracterização estrutural de uma fração solúvel da membrana basal da cápsula do cristalino. Eur J Biochem. 38: 220-228.

460- Olsen, A. K., Sondergaard, B. C., Byrialsen, I., Tanko, L. B., Christiansen, C., Muller, A., Hein, G. E., Karsdal, M. A., e Qvist, P. 2007. A função anabólica e catabólica dos condrócitos *ex vivo* é reflectida pelo processamento metabólico do colagénio de tipo II. Osteoarthritis and Cartilage. 15(3): 335-342. https://doi.org/10.1016/j.joca.2006.08.015

461- Omar, R., Malfait, F., e Agtmael, T. V. 2021. Quatro decases em formação: Colagénio III e mecanismos da Síndrome de Ehlers Danlos vascular. Matrix Biology Pluc. 12: 100090. https://doi.org/10.1016/j.mbplus.2021.100090

462- Ono-Ohmachi, A., Ueno, H. M., Morita, Y., Kato, K. 2019. A capacidade de produção de colágeno da proteína básica do leite depende do efeito estimulador do fator de crescimento transformador - β1 e β2. Jornal Internacional da Daity. 97: 71-75. https://doi.org/10.1016/j.idairyj.2019.05.019

463- Orofiamma, L. A., Vural, D., Antonescu, C. N. 2022. Controlo do metabolismo celular pelo recetor do fator de crescimento epidérmico. Cell Research. 1869(12): 119359. https://doi.org/10.1016/j.bbamcr.2022.119359

464- Owczarzy, A., Kurasinski, R., Kulig, K., Rogoz, W., Szkudlarek, A., Maciazek-Jurczyk, M. 2020. Estrutura, propriedades e aplicação do colagénio. Engenharia de Biomateriais. 156: 17-23. https://doi.org/10.34821/eng.biomat.156.2020.17-23

465- Ogden, M., Karaca, S. B., Aydin, G., Yuksel, U., Dagli, A. T., Akkaya, S., e Bakar, B. 2020. Os efeitos curativos da timoquinona e do dexpantenol na lesão por compressão do nervo ciático em ratos. Jornal de Cirurgia Investigativa. DOI: 10.1080/08941939.2019.1658831

466- Okubo, S., Toda, M., Hara, Y., e Shimamura, T. 1991. Actividades antifúngicas e fungicidas do extrato de chá e catequina contra Trichophyton. Nihon Saikingaku Zasshi. 46: 509-514.

467- Okubo, S., Sasaki, T., Hara, Y., Mori, F., e Shimamura, T. 1998. Actividades bacterianas e anti-toxinas da catequina em *Escherichia coli* enterohemorrágica. Kansenshogaku Zasshi. 72: 211-217.

468- Pan, J., Li, M., Zhang, S., Jiang, Y., Lv, Y., Liu, J., Liu, Q., Zhu, Y., e Zhang, H. 2019. Efeito do galato de epigalocatequina na gelatinização e retrogradação do amido de trigo. Química Alimentar. 294: 209-215.

469- Park, B. J., Park, J. C., Taguchi, H., Fukushima, K., Hyon, S. H., e Takatori, K. 2006. Suscetibilidade antifúngica da epigalocatequina 3-O-galato (EGCg) em isolados clínicos de leveduras patogénicas. Biochem Biophys Res Commun. 347: 401-405.

470- Park, J. E., Kim, D.-H., Ha, E., Choi, S. M., Choi, J.-S., Chun, K.-S. e Joo, S. H. 2019. A timoquinona induz a apoptose das células A431 do carcinoma epidermoide humano através da supressão mediada por ROS do STAT3. Interações Químico-Biológicas. 312: 108799.

471- Pham, N.-A., Jacobberger, J. W., Schimmer, A. D., Cao, P., Gronda, M., e Hedley, D. W. 2004. O sulforafano isotiocianato dietético tem como alvo as vias de apoptose, paragem do ciclo celular e stress oxidativo em células cancerígenas pancreáticas humanas e inibe o crescimento tumoral em ratos com imunodeficiência combinada grave. Mol Cancer Ther. 3(10): 1239-1248.

472- Piras, A., Rosa, A., Marongiua, B., Porcedda, S., Falconieri, D., Dessi, M. A., et al. 2013. Composição química e bioatividade in vitro dos óleos voláteis e fixos de *Nigella sativa* L. extraídos por dióxido de carbono supercrítico. Ind. Crop Prod. 46: 317-323.

473- Pocasap, P., e Weerapreeyakul, N. 2016. Sulforaphene e sulforaphane em plantas crucíferas comumente consumidas contribuíram para a antiproliferação em células de câncer de cólon HCt116. Jornal do Pacífico Asiático de Biomedicina Tropical. 6(2): 119-124.

474- Paola, C. M., Camila, A. M., Ana, C., Marlon, O., Diego, S., Robin, Z., Beatriz, G., e Cristina, C. 2019. Acabamento têxtil funcional de colágeno tipo I isolado de osso bovino para potencial healthtech. Heliyon. 5(2); e01260. https://doi.org/10.1016/j.heliyon.2019.e01260

475- Park, M. S., Kim, Y. H., e Lee, J. W. 2010. A FAK medeia o cruzamento de sinais entre o colagénio de tipo II e as cascatas de TGF-beta 1 nas células condrocíticas. Matrix Biology. 29(2): 135-142. https://doi.org/10.1016/j.matbio.2009.10.001

476- Park, A. C., Huang, G., Jankowska-Gan, E., Massoudi, D., Kernien, J. F., Vignali, D. A., Sullivan, J. A., Wilkes, D. S., Burlingham, W., Greenspan, D. S. 2016. A administração mucosa de colágeno V melhora a carga da placa aterosclerótica ao induzir a tolerância dependente de interleucina 35. Jornal de Química Biológica. 291(7): 3359-3370. https://doi.org/10.1074/jbc.M115.681882

477- Parra, E. R., Bielecki, L. C., Ribeiro, J. M. D. F. P., Balsalobre, F. D. A., Teodoro, W. R., e Capelozzi, V. L. 2010. Associação entre a diminuição do colagénio tipo V e a apoptose na carcinogénese química do pulmão do rato: um modelo preliminar para estudar o comportamento das células cancerígenas. Clinics. 65(4): 425-432. https://doi.org/10.1590/S1807-59322010000400012

478- Pascarelli, S., Merzhakupova, D., Uechi, G.-I., Laurino, P. 2021. A ligação de ligandos do fator de crescimento epidérmico (EGF) de mutação única altera a estabilidade do dímero do recetor EGf e promove a sinalização do crescimento. J Biol Chem. 297(1): 100872. https://doi.org/10.1016/j.jbc.2021.100872

479- Peng, Y., Song, X., Zheng, Y., Wang, X., e Lai, W. 2017. O perfil de RNA circular revela que circCOL3A1-859267 regula a expressão de colágeno tipo I em fibroblastos dérmicos humanos fotoenvelhecidos. Comunicações de pesquisa bioquímica e biofísica. 486(2): 277-284. https://doi.org/10.1016/j.bbrc.2017.03.028

480- Perez-Martinez, C., Perez-Carceles, M. D., Legaz, I., Prieto-Bonete, G., e Luna, A. 2017. Quantificação de bases nitrogenadas, DNA e colagénio tipo I para a estimativa do intervalo post mortem em restos ósseos. Forensic Science International. 281: 106-112. https://doi.org/10.1016/j.forsciint.2017.10.039

481- Pezeshk, S., Rezaei, M., e Abdollahi, M. 2022. Impacto do ultrassom na extração de colágeno nativo do subproduto do atum e seus atributos ultraestruturais e físico-químicos. Ultrasonics Sonochemistry. 89: 106129. https://doi.org/10.1016/j.ultsonch.2022.106129

482- Pires, V., Pecher, J., Nascimento, S. D., Maurice, P., Bonnefoy, A., Dassonville, A., Amant, C., Fauvel-Lafeve, F., Legrand, C., Rochette, J., e Sonnet, P. 2007. Peptídeos miméticos de colagénio tipo III concebidos com actividades anti- ou pró-agregantes em plaquetas humanas. Jornal Europeu de Química Medicinal. 42(5): 694-701. https://doi.org/10.1016/j.ejmech.2006.12.018

483- Prade, I., Schropfer, M., Seidel, C., Krumbiegel, C., Hille, T., Sonntag, F., Behrens, S., Schmieder, F., Voigt, B., e Meyer, M. 2022. As células endoteliais humanas formam um endotélio em filamentos ocos de colagénio independentes fabricados por impressão por extrusão direta. Biomateriais e Biossistemas. 8: 100067. https://doi.org/10.1016/j.bbiosy.2022.100067

484- Preston, S. E. J., Bartish, M., Richard, V. R., Aghigh, A., Goncalves, C., Smith-Voudouris, J., Huang, F., Thebault, P., Cleret-Buhot, A., Lapointe, R., Legare, F., Postovit, L.-M., Zahedi, R. P., borchers, C. H., Miller, W. H., e Rincon, S. V. D. 2022. A fosforilação do eIF4E no estroma impulsiona a produção e a organização espacial do colagénio tipo I na glândula mamária. Matrix Biology. 111: 264-288. https://doi.org/10.1016/j.matbio.2022.07.003

485- Proestaki, M., Sarkar, M., Burkel, B. M., Ponik, S. M., e Notbohm, J. 2022. Effect of hyaluronic acid on microscale deformations of collagen gels (Efeito do ácido hialurónico nas deformações em microescala dos géis de colagénio). Journal of the Mechanical Behavior of Biomedical Materials (Jornal do Comportamento Mecânico de Materiais Biomédicos). 135: 105465. https://doi.org/10.1016/j.jmbbm.2022.105465

486- Puszkarska, A. M., Frenkel, D., Colwell, L. J., e Duer, M. J. 2022. Utilização de dados de sequência para prever a auto-montagem de estruturas de colagénio supramoleculares. Biophysical Journal. 121(16): 3023-3033. https://doi.org/10.1016/j.bpj.2022.07.019

487- Qi, M.-Y., Chen, K., Liu, H.-R., Su, Y.-H., Yu, S.-Q. 2011. Efeito protetor da Icariina na fase inicial da nefropatia diabética experimental induzida por estreptozotocina através da modulação do fator de crescimento transformador β_1 e da expressão de colagénio tipo IV em ratos. Journal of Ethnopharmacology. 138(3): 731-736. https://doi.org/10.1016/j.jep.2011.10.015

488- Qiu, Y., Hoshida, Y., Kato, N., Moriyama, M., Otsuka, M., Taniguchi, H., Kawabe, T., Omata, M. 2004. Uma combinação simples de colagénio tipo IV sérico e tempo de protrombina para diagnosticar cirrose em pacientes com hepatite C crónica ativa. Hepatology Research. 30(4): 214-220. https://doi.org/10.1016/j.hepres.2004.10.006

489- Qiu, Y., Poppleton, E., Mekkat, A., Yu, H., Banerjee, S., Wiley, S. E., Dixon, J. E., Kaplan, D. L., Lin, Y.-S., e Brodsky, B. 2018. Fosforilação enzimática de Ser em um peptídeo de colágeno tipo I. Biophysical Journal. 115(12): 2327-2335. https://doi.org/10.1016/j.bpj.2018.11.012

490- Ramadass, S. K., Nazir, L. S., Thangam, R., Perumal, R. K., Manjubala, I., Madhan, B., e Seetharaman, S. 2019. Peptídeos de colágeno tipo I e andaime de fibroína de seda electospun liberador de óxido nítrico: Uma abordagem multifuncional para o tratamento de feridas crónicas isquémicas. Colóides e Superfícies B: Biointerfaces. 175: 636-643. https://doi.org/10.1016/j.colsurfb.2018.12.025

491- Rasmussen, D., Frederiksen, P., Jatkoe, T., Karsdal, M., Rosenthal, N., Neal, B., Genovese, F., e Hansen, M. 2022. O tratamento com canagliflozina POS-392 tem impacto na degradação e formação de colagénio tipo III no estudo de avaliação cardiovascular da canagliflozina (Canvas). Kidney International Reports. 7(2): S177. https://doi.org/10.1016/j.ekir.2022.01.414

492- Rayan, C. M., Abercrombie, M. P., Linsenmayer, T. F., Fitch, J. M., e Tomasek, J. J. 1999. Distribuição do colagénio tipo IV durante o desenvolvimento do botão do membro de aves. The Journal of Hand Surgery. 24(3), 619-627. https://doi/org/10.1053/jhsu.1999.0619

493- Rayego-Mateos, S., Rodrigues-Diez, R., Morgado-Pascual, J. L., Valentijn, F., Valdivielso, J. M., Goldschmeding, R., Ruiz-Ortega, M. 2018. Papel do recetor do fator de crescimento epidérmico (EGFR) e seus ligantes na inflamação e dano renal. Mediadores da Inflamação. Artigo ID 8739473, 22 páginas, 2018. https://doi.org/10.1155/2018/8739473

494- Ren, K., Ke, X., Chen, Z., Zhao, Y., He, L., Yu, P., Xing, J., Luo, J., Xie, J., e Li, J. 2021. Goma xantana modificada com polímero zwitteriônico com capacidade de ligação de colágeno II para melhoria da lubrificação e eliminação de ROS. Polímeros de hidratos de carbono. 274: 118672. https://doi.org/10.1016/j.carbpol.2021.118672

495- Richardot, P., Tabassi, N. C.-B., Toh, L., Marotte, H., Bay-Jesen, A.-C., Miossec, P., e Garnero, P. 2009. O colagénio tipo III nitrado como marcador biológico do metabolismo do tecido sinovial mediado pelo óxido nítrico na osteoartrite. Osteoarthritis and Cartilage. 17(10): 1362-1367. https://doi.org/10.1016/j.joca.2009.04.024

496- Rios-Silva, M., Huerta, M., Mendoza-Cano, O., Murillo-Zamora, E., Cardenas, Y., Bricio-Barrios, J. A., Diaz, Y., Ibarra, I., Trujillo, X. Urinary epidermal growth fator in kidney disease: Uma revisão sistemática. Fator de crecimiento epidermico urinario en la enfermedad renal: una revision sistematica. Nefrologia. https://doi.org/10.1016/j.mefro.2022.10.003

497- Romanowicz, G. E., Terhune, A. H., Bielajew, B. J., Sexton, B., Lynch, M., Mandair, G. S., McNerny, E. M. B., e Kohn, D. H. 2022. Os perfis de ligações cruzadas de colagénio e o mineral são diferentes entre a mandíbula e o fémur, com uma resposta específica do local ao colagénio perturbado. Bone Reports. https://doi.org/10.1016/j.bonr.2022.101629

498- Rong, H., Lin, F., Ning, L., Wu, K., Chen, B., Zhang, J., Limbu, S. M., e Wen, X. 2022. Clonagem, distribuição de tecidos e expressão de mRNA do gene do colagénio tipo I alfa 1 de Chu' s croaker (*Nibea coibor*). Gene. 824: 146441. https://doi.org/10.1016/j.gene.2022.146441

499- Russo, C., Lazzaro, V., Gazzaruso, C., Maurotti, S., Ferro, Y., Pingitore, P., Fumo, F., Coppola, A., Gallotti, P., Zambianchi, V., Fodaro, M., Galliera, E., Marazzi, M. G., Romanelli, M. M. C., Giannini, S., Romeo, S., Pujia, A., e Montalcini, T. 2017. O peptídeo C da proinsulina modula a expressão de ERK1 / 2, colágeno tipo I e RANKL em células semelhantes a osteoblastos humanos (Saos-2). Endocrinologia Molecular e Celular. 442: 134-141. https://doi.org/10.1016/j.mce.2016.12.012

500- Radhakrishnan, R., Pooja, D., Kulhari, H., Gudem, S., Ravuri, H. G., Bhargava, S., e Ramakrishna, S. 2019. Nanopartículas lipídicas sólidas conjugadas com bombesina para melhorar a entrega de galato de epigalocatequina para o tratamento do câncer de mama. Química e Física dos Lípidos. 224: 104770.

501- Rahmani, A. H., Alzohairy, M. A., Khan, M. A., e Aly, S. 2014. Implicações terapêuticas da semente preta e seu constituinte timoquinona na prevenção do câncer por meio da inativação e ativação de vias moleculares. Medicina complementar e alternativa baseada em evidências. Artigo ID 724658, 13 páginas.

502- Rajendran, P., Kidane, A. I., Yu, T.-W., Dashwood, W.-M., Bisson, W. H., Lohr, C. V., Ho, E., Williams, D. W., e Dashwood, R. H. 2013. Rotatividade de HDAC, acetilação de CtlP e sinalização de danos ao DNA desregulada em células de câncer de cólon tratadas com sulforafano e isotiocianatos dietéticos relacionados. Epigenética. 8(6): 612-623.

503- Randhawa, M. A. 2011. Atividade antituberculosa in vitro da timoquinona, um princípio ativo da Nigella sativa. J Ayub Med Coll Aboottabad. 23: 78-81.

504- Rani, R., Dahiya, S., Dhingra, D., Dilbaghi, N., Kim, K.-H., e Kumar, S. 2018. Melhoria da atividade anti-hiperglicêmica da nano-timoquinona em modelo de rato de diabetes tipo 2. Interações Químico-Biológicas. 295: 119-132.

505- Rajput, S., Kumar, B. N., Dey, K. K., Pal, I., Parekh, A., e Mandal, M. 2013. O direcionamento molecular de Akt por timoquinona promove a parada de G (1) através da inibição da tradução da ciclina D1 e induz apoptose em células de câncer de mama. Life Sci. 93: 783-790.

506- Rathore, C., Upadhyay, N., Kaundal, R., Dwivedi, R. P., Rahatekar, S., John, A., Dua, K., Tambuwala, M. M., Jain, S., Chaudari, D., e Negi, P. 2020. Biodisponibilidade oral melhorada e atividade hepatoprotectora da timoquinona sob a forma de nano-construções fosfolipídicas. Opinião de especialistas em entrega de medicamentos. 17(2): 237-253.

507- Ravindran, H. B., Nair, B., Sung, S., Prasad, R. R., Tekmal, B. B., e Aggarwal. 2010. As nanopartículas de poli (lactide-co-glycolide) de timoquinona exibem um potencial anti-proliferativo, anti-inflamatório e de quimiossensibilização melhorado. Biochem. Pharmacol.79: 1640-1647.

508- Ren, D., Liu, Y., Zhao, Y., e Yang, X. 2016. Hepatotoxicidade e disfunção endotelial induzida por dieta rica em colina e os efeitos protetores da floretina em camundongos. Toxicologia alimentar e química. 94: 203-212.

509- Razai-Xadeh, K., Shytle, D., Sun, N., et al. 2005. O chá verde apigalocatequina-3-galato (EGCG) modula a clivagem da proteína precursora amiloide e reduz a amiloidose cerebral em ratinhos transgénicos de Alzheimer. J Neurosci. 25: 8807-8814.

510- Rezaei, N., Sardarzadeh, T., e Sisakhtnezhad, S. 2019. A tioquinona promove a migração de células estaminais mesenquimais de rato in vitro e induz a sua imunogenicidade in vivo. Toxicologia e Farmacologia Aplicada. 387: 114851.

511- Rezk, B. M., Haenen, G. R. M. M., Van Der vijgh, W. J. F., e Basi, A. 2002. A atividade antioxidante da floretina: a revelação de um novo fármaco antioxidante inflavonóides. Biochemical and Biophysical Research Communications. 295(1): 9-13.

512- Rice-Evans, C. A., Miller, N. J., e Paganga, G. 1996. Relações de atividade antioxidante estrutural de flavonóides e ácidos fenólicos. Free Radical Biology and Medicine. 20(7): 933-956.

513- Rochet, J.-C., e Lansbury Jr, P. T. 2000. Fibrilogénese amiloide: Temas e variações. Opinião atual em Biologia Estrutural. 10(1): 60-68.

514- Rodriguez, R., Kondo, H., Nyan, M., et al. 2011. A implantação da combinação de fosfato α-tricálcico de catequina de chá verde melhora a reparação óssea em defeitos cranianos de ratos. Jornal de Pesquisa de Materiais Biomédicos Parte B: Biomateriais Aplicados. 9892): 263-271.

515- Royston, K. J., Paul, B., Nozell, S., Rajbhandari, R., e Tollefsbol, T. O. 2018. Withaferin A e sulforabphane regulam a progressão do ciclo celular do câncer de mama através de mecanismos epigenéticos. Pesquisa experimental de células. 368(1): 67-74.

516- Ruan, C., Zhang, Y., Wang, J., Sun, Y., Gao, X., Xiong, G., e Liang, J. 2019. Preparação e atividade antioxidante de filmes comestíveis de alginato de sódio e carboximetilcelulose com galato de epigalocatequina. Jornal Internacional de Macromoléculas Biológicas. 134: 1038-1044.

517- Russo, M., Spanguolo, C., Russo, G. L., Skalicka-Wozniak, K., Daglia, M., Sobarzo-Sanchez, E., Nabavi, S. F., e Nabavi, S. M. 2018. Direcionamento de Nrf2 por sulforafano: uma terapia potencial para o tratamento do câncer. Revisões críticas em ciência e nutrição de alimentos. 58(8): 1391-1405.

518- Ruta, L. L., Popa, C. V., Nicolau, I., e Farcasanu, I. C. 2018. O epigalocatequina-3-O-galato, o principal componente do chá verde, é tóxico para as células *de Saccharomyces cerevisiae* que não possuem o Fet3 / Ftr1. Química Alimentar. 266: 292-298.

519- Sabetkar, M., Low, S. Y., Bradley, N. J., Jacobs, M., Naseem, K. M., e Richard Bruckdorfer, K. 2008. A nitração da fosfoproteína estimulada por vasodilatador de plaquetas após exposição a baixas concentrações de peróxido de hidrogénio. Platelets. 19(4): 282-292.

520- Sacchettini, J. C., e Kelly, J. W. 2002. Estratégias terapêuticas para doenças amilóides humanas. Nature Review Drug Discovery. 1(4): 267-275.

521- Safhi, M. M., Qumayri, H. M., Masmali, A. U. M., Siddiqui, R., Alam, M. F., Khan, G., e Anwer, T. 2019. A timoquinona e a fluoxetina aliviam a depressão através da atenuação do dano oxidativo e dos marcadores inflamatórios em ratos diabéticos tipo 2. Arquivos de Fisiologia e Bioquímica (O Jornal de Doenças Metabólicas). 125(2): 150-155.

522- Saghatoleslam, M., Alipour, F., Shafieian, R., et al. 2016. Os efeitos da *Nigella sativa* nos danos neurais após convulsões induzidas por pentilenotetrazol em ratos. Jornal de Medicina Tradicional e Complementar. 6(3): 262-268.

523- Sakamoto, Y., Terashita, N., Muraguchi, T., Fukusato, T., e Kubota, S. 2013. Efeitos da epigalocatequina-3-galato (EGCG) no crescimento e angiogénese do tumor de cancro do pulmão A549. Biociência, Biotecnologia e Bioquímica. 77(9): 1799-1803.

524- Sakanaka, S., Juneja, L. R., e Taniguchi, M. 2000. Antimicrobial effects of green tea polyphenols on thermophilic spore-forming bacteria. J Biosci Bioeng. 90: 81-85.

525- Sakata, R., Yeno, T., Nakamura, T., Sakamoto, T., Torimura, T., e Sata, M. 2004. Green tea polyphenol epigallocatechin-3-gallate inhibits platelet-derived growth fator-induced proliferation of human hepatic stellate cell lies LI90. Jornal de Hepatologia. 40(1): 52-59.

526- Salem, M. L., Alenzi, F. Q., e Attia, W. Y. 2011. A timoquinona, o ingrediente ativo das sementes de *Nigella sativa*, aumenta a sobrevivência e a atividade das células T CD8-positivas específicas do antigénio in vitro. British Journal of Biomedical Science. 68(3):131-137.

527- Sang, S., Lee, M.-J., Hou, Z., e Ho, C.-T., e Yang, C. S. 2005. Estabilidade do polifenol do chá (-0-epigalocatequina-3-galato e formação de dímeros e epímeros em condições experimentais comuns. Journal of Agricultural and Food Chemistry. 53(24): 9478-9484.

528- Sang, S., Yang, I., Buckley, B., Ho, C.-T., e Yang, C. S. 2007. Autoidative quinone formation in vitro and metabolite formation in vivo from tea polyphenol (-)-epigallocatechin-3-gallate: studied by real-time mass spectrometry combined with tandem mass ion mapping. Free Radical Biology and Medicine. 43(3): 362-371.

529- Sangi, S., Ahmed, S. P., Channa, M. A., Ashfaq, M., e Mastoi, S. M. 2008. Um novo e inovador tratamento da dependência de opiáceos: *Nigella sativa* 500 mg. Jornal da Faculdade de Medicina de Ayub. 20(2): 118-124.

530- Santos, P. W. D. S. D., Machado, A. R. T., Grandis, R. A. D., Ribeiro, D. L., Tuttis, K., Morselli, M., Aissa, A. F., Pellegrini, M., e Antunes, L. M. G. 2020. Alterações no transcriptoma e na metilação do DNA moduladas pelo sulforafano induzem a parada do ciclo celular, apoptose, danos ao DNA e supressão da proliferação em células humanas de câncer de fígado. Toxicologia alimentar e química. 136: 111047.

531- Sayed, A. A., e Morcos, M. 2007. A timoquinona diminui a ativação de NF-KappaB induzida por AGE em células epiteliais tubulares proximais. Phytother Res. 21: 898-899.

532- Sedaghat, R., Roghani, M., e Khalili, M. 2014. Efeito neuroprotector da timoquinona, o composto bioativo *da Nigella sativa*, no modelo de rato hemi-parkinsoniano induzido por 6-hidroxidopamina. Jornal Iraniano de Investigação Farmacêutica. 13(1); 227-234.

533- Sener, U., Uygur, R., Aktas, C., Uygur, E., Erboga, M., Balkas, G., Caglar, V., Kumral, B., Gurel, A., e Erdogan Hasan. 2016. Efeitos protetores da timoquinona contra a apoptose e o estresse oxidativo pelo arsênico no rim de ratos. Insuficiência Renal. 38(1): 117-123.

534- Sakata, N., Jimi, S., Takebayashi, S., e Marques, M. A. 1992. O colagénio tipo V reprime a fixação, disseminação e crescimento de células do músculo liso vascular porcino in vitro. Experimental and Molecular Pathology. 56(1): 20-36. https://doi.org/10.1016/0014-4800(92)90020-C

535- Salvatore, L., Gallo, N., Aiello, D., Lunetti, P., Barca, A., Blasi, L., Madaghiele, M., Bettini, S., Giancane, G., Hasan, M., Borovkov, V., Natali, M. L., Campa, L., Valli, L., Capobianco, L., Napoli e Sannino, A. 2020. Uma visão sobre o colágeno tipo I do tendão de cavalo para a fabricação de dispositivos implantáveis. Jornal Internacional de Macromoléculas Biológicas. 154: 291-306. https://doi.org/10.1016/j.ijbiomac.2020.03.082

536- Sarwar, M., Sykes, P. H., Chitcholtan, K., e Evans, J. J. 2022. A desregulação do colagénio I é fundamental para a progressão do cancro do ovário. Tissue and Cell. 74: 101704. https://doi.org/10.1016/j.tice.2021.101704

537- Satomi, E., Teodoro, W. R., Parra, E. R., Fernandes, T. D., Velosa, A. P. P., Capelozzi, V. L., e Yoshinari, N. H. 2008. Alterações na distribuição histoanatómica do colagénio dos tipos I, III e V promovem a remodelação adaptativa na rutura do tendão tibial posterior. Clinics. 63(1): 9-14. https://doi.org/10.1590/S1807-59322008000100003

538- Shafik, N. M., El-Esawy, R. O., Mohamed, D. A., Deghidy, E. A., e El-Deeb, O. S. 2019. Efeitos regenerativos da glicirrização e / ou plasma rico em plaquetas na artrite induzida por colágeno tipo II: Visando marcadores de máquinas autofágicas, inflamação e estresse oxidativo. Arquivos de Bioquímica e Biofísica. 675: 108095. https://doi.org/10.1016/j.abb.2019.108095

539- Silver, M. H., Murrary, J. C., e Pratt, R. M. 1984. O fator de crescimento epidérmico estimula a síntese de colagénio tipo V em culturas de prateleiras palatinas murinas. Differentiation. 27(1-3): 205-208. https://doi.org/10.1111/j.1432-0436.1984.tb01430.x

540- Sirowanto, I., Josh, F., Sulmiati, Ahmadwirawan, Zainuddin, A. A., e Faruk, M. 2021. O efeito da combinação de plasma rico em plaquetas e fração vascular estromal no nível sérico do fator de crescimento epidérmico para a cicatrização do trauma anal no modelo de rato wistar. Anais de Medicina e Cirurgia. 70: 102773. https://doi.org/10.1016/j.amsu.2021.102773

541- Smet, K. D., Beken, S., Depreter, M., Roels, F., Vercruysse, A., e Rogiers, V. 1999. Effect of epidermal growth fator in collagen gel cultures of rat hepatocytes. Toxicoloty in Vitro. 13(4-5): 579-585. https://doi.org/10.1016/S0887-2333(99)00041-7

542- Smet, K. D., Loyer, P., Gilot, D., Vercruysse, A., Rogiers, V., e Guguen-Guillouzo, C. 2001. Effects of epidermal growth fator on CYP inducibility by xenobiotics, DNA replication and caspase activations in collagen I gel sandwich cultures of rat hepatocytes. Biochemical Pharmacology. 61(10): 1293-1303. https://doi.org/10.1016/S0006-2952(01)00612-8

543- Song, Y., Hua, S., Sayyar, S., Chen, Z., Chung, J., Liu, X., Yue, Z., Angus, C., Filippi, B., Beirne, S., Wallace, G., Sutton, G., You, J. 2022. Bioimpressão da córnea usando um bioink transparente de colágeno I puro de alta concentração. Bioprinting. 28: e00235. https://doi.org/10.1016/j.bprint.2022.e00235

544- Stabile, M., Lacitignola, l., Samarelli, R., Fiorentino, M., Crovace, A., e Staffieri, F. 2022. Avaliação da eficácia clínica da suplementação de colagénio tipo II não desnaturado em comparação com o cimicoxib e a sua associação em cães afectados por osteoartrite de ocorrência natural. Investigação em Ciências Veterinárias. 151: 27-35. https://doi.org/10.1016/j.rvsc.2022.06.030

545- Stawikowski, M. J., Aukszi, B., Stawikowska, R., Cudic, M., Fields, G. B. 2014. A glicosilação modula as interações das células de melanoma α2β1 e α3β1 integrina com colágeno tipo IV. O Jornal de Química Biológica. 289(31): 21591-21604. https://doi.org/10.1074/jbc.m114.572073

546- Stefanovic, L., Gordon, B. H., Silvers, R., e Stefanovic, B. 2022. Caracterização da ligação específica da sequência de LARP6 ao 5$^\prime$ stem-loop de mRNAs de colágeno tipo I e implicações para o design racional de drogas antifibróticas. Journal of Molecular Biology. 434(2): 167394. https://doi.org/10.1016/j.jmb.2021.167394

547- Steinmann, B. U., Abe, S., e Martin, G. R. 1982. Modulation of type I and type III collagen production in normal and mutant human skin fibroblasts by cell density, prostaglandin E_2 and epidermal growth fator. Collagen and Related Research. 2(3): 185-195. https://doi.org/10.1016/S0174-173X(82)80013-7

548- Sun, Y.-L., Luo, Z.-P., Fertala, A., e An, K.-N. 2004. Esticar o colagénio tipo II com pinças ópticas. Journal of Biomechanics. 37(11): 1665-1669. https://doi.org/10.1016/j.jbiomech.2004.02.028

549- Sun, X., Cui, X., Chen, X., e Jiang, X. 2020. A baicaleína aliviou a produção de colágeno tipo I induzida por TGF β1 em fibroblastos pulmonares por meio da regulação negativa do fator de crescimento do tecido conjuntivo. Biomedicina e Farmacoterapia. 131: 110744. https://doi.org/10.1016/j.biopha.2020.110744

550- Sadarzanska-Terzieva, B., Tzvetanov, P., Hegde, V., Al-Hashel, J. Y., Rousseff, R. T., Haralanov, L., Stamenov, B., Atanassova, M., Marinova, I., Marinova, A., Rousseva, A. 2015. Níveis anormalmente altos de anticorpos IgG anti-colágeno tipo IV no soro de pacientes com uma síndrome clinicamente isolada se correlacionam com um risco aumentado de conversão para EM. Clinical Neurology and Neurosurgery. 133: 30-33. https://doi.org/10.1016/j.clineuro.2015.03.011

551- Saito, T., Hara, M., Kumamaru, H., Kobayakawa, K., Yokota, K., Kijima, K., Yoshizaki, S., Harimaya, K., Matsumoto, Y., Kawaguchi, K., Hayashida, M., Inagaki, Y., Shiba, K., Nakashima, Y., Okada, S. 2017. A infiltração de macrófagos é o fator causal da hipertrofia do ligamento amarelo através da ativação da produção de colágeno nos fibroblastos. O Jornal Americano de Patologia. 187(12): 2831-2840. https://doi.org/10.1016/j.ajpath.2017.08.020

552- Sankiewicz, A., Lukaszewski, Z., Trojanowska, K., Gorodkiewicz, E. 2016. Determinação de colagénio tipo IV por ressonância plasmónica de superfície utilizando um biossensor específico. Bioquímica Analítica. 515: 40-46. https://doi.org/10.1016/j.ab.2016.10.002

553- Satomi, E., Teodoro, W. R., Parra, E. W., Fernandes, Velosa, A. P. P., Capelozzi, V. L., e Yoshinari, N. H. 2008. Alterações na distribuição histoanatómica do colagénio dos tipos I, III e V promovem a remodelação adaptativa na rutura do tendão tibial posterior. Clinics. 63(1): 9-14. https://doi.org/10.1590/S1807-59322008000100003

554- Sawhney, R. S. 2005. Identificação imunológica do colagénio dos tipos I e III no epitélio do cristalino bovino e na sua cápsula anterior. Cell Biology International. 29(2): 133-137. https://doi.org/10.1016/j.cellbi.2004.09.012

555- Shahrajabian, M. H., Sun, W., Shen, H., Cheng, Q. 2020. Fitoterapia chinesa para tratamento e prevenção de SARS e SARS-CoV-2, incentivando o uso de fitoterapia para o surto de Covid-19. Ata Agriculturae Scandinavica Secção B- Ciência do Solo e das Plantas. 70(5): 437-443. https://doi.org/10.1080/09064710.2020.1763448

556- Shahrajabian, M. H., Sun, W., Cheng, Q. 2020. Produto da evolução natural (SARS, MERS e SARS-CoV-2); doenças mortais da SARS à SARS-CoV-2. Vacinas e imunoterapêuticas humanas. 17(1): 62-83. https://doi.org/10.1080/21645515.2020.1797369

557- Shahrajabian, M. H., Sun, W., Cheng, Q. 2020. Medicamentos tradicionais à base de plantas para a prevenção e tratamento de constipações e gripes no outono de 2020, sobrepostos à Covid-19. Comunicações de produtos naturais. 15(8): 1-10. https://doi.org/10.1177/1934578X20951431

558- Shahrajabian, M. H., Sun, W., Soleymani, A., Cheng, Q. 2020. Medicamentos tradicionais à base de plantas para superar o stress, a ansiedade e melhorar a saúde mental em surtos de coronavírus humano. Investigação em Fitoterapia. 2020(1): 1-11. https://doi.org/10.1002/ptr.6888

559- Shahrajabian, M. H. 2021. Ervas medicinais com actividades anti-inflamatórias para a cura natural e orgânica. Química Orgânica Atual. 25(23): 1-17. https://doi.org/10.2174/1385272825666211110115656

560- Shahrajabian, M. H., Sun, W., Cheng, Q. 2021. Molecular breeding and the impacts of some important genes families on agronomic traits, a review. Genetic Resources and Crop Evolution (Recursos genéticos e evolução das culturas). 68(3): 1709-1730. https://doi.org/10.1007/s10722-021-01148-x

561- Shahrajabian, M. H., Sun, W. 2022. Importância da timoquinona, sulforafano, floretina e epigalocatequina e seus benefícios para a saúde. Cartas em Design e Descoberta de Drogas. 19. https://doi.org/10.2174/1570180819666220902115521

562- Shahrajabian, M. H., Marmitt, D., Cheng, Q., Sun, W. 2022. Antioxidantes naturais das espécies vegetais subutilizadas e negligenciadas da Ásia e da América do Sul. Cartas em Design e Descoberta de Drogas. 19. https://doi.org/10.2174/1570180819666220616145558

563- Shahrajabian, M. H., Sun, W., Cheng, Q. 2022. A importância dos flavonóides e fitoquímicos de plantas medicinais com actividades antivirais. Mini-Reviews in Organic Chemistry. 19(3): 293-318. https://doi.org/10.2174/1570178618666210707161025

564- Shen, J., Wang, Z., Zhao, W., Fu, Y., Li, B., Chen, J., Deng, Y., Li, S., Li, H. 2022. TGF-β1 induz a deposição de colágeno tipo I em células da granulosa por meio da regulação negativa de MMP1 mediada pela via de sinalização AKT / GSK-3β. Biologia Reprodutiva. 22(4): 100705. https://doi.org/10.1016/j.repbio.2022.100705

565- Shulman, C., Liang, E., Kamura, M., Udwan, K., Yao, T., Cattran, D., Reich, H., Hladunewich, M., Pei, Y., Savige, J., Paterson, A. D., Suico, M. A., Kai, H., e Barua, M. 2021. Variantes de colágeno tipo IV em CKD: desempenho de previsões computacionais para identificar variantes patogênicas. Kidney Medicine. 3(2): 257-266. https://doi.org/10.1016/j.xkme.2020.12.007

566- Sipila, L., Ruotsalainen, H., Sormunen, R., Baker, N. L., Lamande, S. R., Vapola, M., Wang, C., Sado, Y., Aszodi, A., Myllyla, R. 2007. A secreção e a montagem de colagénios do tipo IV e VI dependem da glicosilação de hidroxilisinas. Journal of Biological Chemistry. 282(46), 33381-33388. https://doi.org/10.1074/jbc.M704198200

567- Souza, P., Rizzardi, F., Noleto, G., Atanazio, M., Bianchi, P., Parra, E. R., Teodoro, W. R., Carrasco, S., Velosa, A. P. P., Fernezlian, S., AbSaber, A. M., Antonangelo, L., Takagaki, T., Schainberg, C. G., Yoshinari, N. H., e Capelozzi, V. L. 2010. Remodelação refractária do microambiente por colagénio tipo V anormal, apoptose e resposta imunitária no cancro do pulmão de células não pequenas. Human Pathology. 41(2): 239-248. https://doi.org/10.1016/j.humpath.2009.07.018

568- Steinmann, B. U., Abe, S., e Martin, G. R. 1982. Modulação da produção de colagénio tipo I e tipo II em fibroblastos de pele humana normais e mutantes por diversidade celular, prostaglandina E_2 e fator de crescimento epidérmico. Collagen and Related Research. 2(3): 185-195. https://doi.org/10.1016/S0174-173X(82)80013-7

569- Sun, W., Shahrajabian, M. H., Cheng, Q. 2021. Barberry (*Berberis vulgaris*), uma fruta medicinal e alimento com usos farmacêuticos tradicionais e modernos. Jornal de Ciências Vegetais de Israel. 68(1-2): 1-11. https://doi.org/10.1163/22238980-bja10019

570- Sun, W., Shahrajabian, M. H., Cheng, Q. 2021. Cultivo de feno-grego com ênfase em aspectos históricos e seus usos na medicina tradicional e na ciência farmacêutica moderna. Mini Reviews in Medicinal Chemistry. 21(6): 724-730. https://doi.org/10.2174/1389557520666201127104907

571- Sun, W., Shahrajabian, M. H., Cheng, Q. 2021. Plantas dietéticas e medicinais naturais com actividades terapêuticas anti-obesidade para o tratamento e prevenção da obesidade durante o confinamento e na era pós-Covid-19. Ciências Aplicadas. 11(17): 7889. https://doi.org/10.3390/app11177889

572- Sun, W., Shahrajabian, M. H., Lin, M. 2022. Progresso da investigação de alimentos funcionais fermentados e tecnologia de fermentação microbiana de fábrica de proteínas. 8(12): 688. https://doi.org/10.3390/fermentation8120688

573- Sylvie, P., Bertrand, B., Laurent, R., Maquart, F. X., Monboisse, J. C. 2005. Controlo da invasão das células da melanoma pelo colagénio tipo IV. Cancer Detect Prev. 29: 260-266. https://doi.org/10.1016/j.cdp.2004.09.003

574- Szarek, P., e Pierce, D. M. 2022. Um protocolo especializado para ensaios mecânicos de redes isoladas de colagénio de tipo II. Journal of the Mechanical Behavior of Biomedical Materials (Jornal do comportamento mecânico de materiais biomédicos). 136: 105466. https://doi.org/10.1016/j.jmbbm.2022.105466

575- Taddese, S., Jung, M. C., Ihling, C., Heinz, A., Neubert, R. H. H., e Schmelzer, C. E. H. 2010. O domínio catalítico da MMP-12 reconhece e cliva em múltiplos locais no colagénio da pele humana tipo I e tipo III. Biochimica et Biophysica Ata (BBA)-Proteínas e Proteómica. 1804(4): 731-739. https://doi.org/10.1016/j.bbapap.2009.11.014

576- Tahir, T., Febrianti, N., Wahyni, S., Rabia, e Syam, Y. 2020. Avaliação do potencial de cicatrização de feridas agudas do creme de extrato de fruta do dragão vermelho (*Hylocereus Polyrhizus*) nos níveis de colagénio tipo III e fator de crescimento epidérmico (EGF): Um estudo em animais. Medicina Clinica Practica. 3(1): 100091. https://doi.org/10.1016/j.mcpsp.2020.100091

577- Takahashi, T., Naito, S., Onoda, J., Yamauchi, A., Nakamura, E., Kishino, J., Kawai, T., Matsukawa, S., Toyosaki-Maeda, T., Tanimura, M., Fukui, N., Numata, Y., e Yamane, S. 2012. Desenvolvimento de um novo imunoensaio para a medição do neoepítopo de colagénio de tipo II gerado pela clivagem da colagenase. Clinica Chimica Ata. 413(19-20): 1591-1599. https://doi.org/10.1016/j.cca.2012.03.022

578- Tahara, A., Tsukada, J., Tomura, Y., Suzuki, T., Yatsu, T., Shibasaki, M. 2008. Efeito da vasopressina na produção de colagénio tipo IV em células mesangiais humanas. Regulatory Peptides. 147(1-3): 60-66. https://doi.org/10.1016/j.regpep.2008.01.002

579- Takizawa, N., Hironaka, T., Mae, K., Ueno, T., Horri, Y., Nagasaka, A., Nakaya, M. GPRC5B promove a produção de colagénio em miofibroblastos. Biochemical and Biophysical Research Communications. 561: 180-186. https://doi.org/10.1016/j.bbrc.2021.05.035

580- Tan, G.-K., Dinnes, D. L. M., Cooper-White, J. J. 2011. Modulação da formação de fibras de colagénio II em ambientes de andaimes porosos 3-D. Ata Biomaterialia. 7(7): 2804-2816. https://doi.org/10.1016/j.actbio.2011.03.022

581- Tanaka, E., Miyawaki, Y., Tanaka, M., Watanabe, M., Lee, K., Pozo, R. D., e Tanne, K. 2000. Efeitos das forças de tração na expressão do colagénio tipo III na sutura interparietal do rato. Arquivos de Biologia Oral. 45(12): 1049-1057. https://doi.org/10.1016/S0003-9969(00)00083-2

582- Tang, J. B., Xu, Y., Ding, D., Wang, X. T. 2004. Expressão de genes para a produção de colagénio e ativação do gene NF-KB de tendões flexores *em* cicatrização *in vivo*. The Journal of Hand Surgery. 29(4): 564-570. https://doi.org/10.1016/j.jhsa.2003.12.019

583- Tao, K., Bai, X.-Z., Zhang, Z.-F., Shi, J.-H., Hu, X.-L., Tang, C.-W., Hu, D.-H., Han, J.-T. 2013. Construção da célula-semente de engenharia de tecidos (HaCaT-EGF) e análise das suas caraterísticas biológicas. Jornal de Medicina Tropical da Ásia-Pacífico. 6(11): 893-896. https://doi.org/10.1016/S1995-7645(13)60159-5

584- Techetina, E. V., Kobayashi, M., Yasuda, T., Meijers, T., Pidoux, I., e Poole, A. R. 2007. A hipertrofia dos condrócitos pode ser induzida por uma sequência críptica de colagénio de tipo II e é acompanhada pela indução da MMP-13 e da atividade da colagenase: Implicações para o desenvolvimento e a artrite. Matrix Biology. 26(4): 247-258. https://doi.org/10.1016/j.matbio.2007.01.006

585- Teplicky, T., Gregorova, M., Kalafutova, A., Hanzel, O., Mateasik, A., Filova, B., Cunderlikova, B. 2023. Caracterização de matrizes de colagénio tipo I para culturas espaciais de células cancerígenas relevantes do ponto de vista fisiopatológico. Biophysical Chemistry. 293: 106944. https://doi.org/10.1016/j.bpc.2022.106944

586- Terui, G., Goto, T., Katsuta, M., Aoki, I., e Ito, H. 2009. Efeito da pioglitazona na função diastólica do ventrículo esquerdo e na fibrose do colagénio de tipo III em doentes diabéticos de tipo 2. Journal of Cardiology. 54(1): 52-58. https://doi.org/10.1016/j.jjcc.2009.03.004

587- Toniasso, D. P. W., Silva, C. G. D., Junior, B. D. S. B., Somacal, S., Emanuelli, T., Kubota, E. H., Dornelles, R. C. P., e Mello, R. 2022. Colagénio extraído de coelho: Carne e subprodutos: Isolamento e avaliação físico-química. Food Research International. 162(Parte A): 111967. https://doi.org/10.1016/j.foodres.2022.111967

588- Toumpoulis, I. K., Oxford, J. T., Cowan, D. B., Anagnostopoulos, C. E., Rokkas, C. K., Chamogeorgakis, T. P., Angouras, D. C., Shemin, R. J., Navab, M., Ericsson, M., Federman, M., Levitsky, S., e McCully, J. D. 2009. Expressão diferencial do colagénio tipo V e XI a-1 nos aneurismas da aorta torácica ascendente humana. The Annals of Thoracic Surgery. 88(2): 506-513. https://doi.org/10.1016/j.athoracsur.2009.04.030

589- Tschaikowsky, M., Brander, S., Barth, V., Thomann, R., Rolauffs, B., Balzer, B. N., e Hugel, T. 2022. A superfície da cartilagem articular é prejudicada por uma perda de fibras de colagénio espessas e formação de colagénio de tipo I na osteoartrite precoce. Ata Biomaterialia. 146: 274-283. https://doi.org/10.1016/j.actbio.2022.04.036

590- Tsuzaki, M., Yamauchi, M., e Mechanic, G. L. 1990. Colagénios da polpa dentária bovina: Caracterização do colagénio dos tipos III e V. Arquivos de Biologia Oral. 35(3): 195-200. https://doi.org/10.1016/0003-9969(90)90055-F

591- Uchinaka, A., Yoshida, M., Tanaka, K., Hamada, Y., Mori, S., Maeno, Y., Miyagawa, S., Sawa, Y., Nagata, K., Yamamoto, H., e Kawaguchi, N. 2018. A superexpressão de colágeno tipo III no miocárdio lesionado previne a disfunção sistólica cardíaca, alterando o equilíbrio da distribuição de colágeno. O Jornal de Cirurgia Torácica e Cardiovascular. 156(1); 217-226. https://doi.org/10.1016/j.jtcvs.2018.01.097

592- Ueda, K., Shimizu, O., Oka, S., Saito, M., Hide, M., e Matsumoto, M. 2009. Distribuição da tenascina-C, fibronectina e colagénio dos tipos III e IV durante a regeneração da glândula submandibular do rato. Jornal Internacional de Cirurgia Oral e Maxilofacial. 38(1): 79-84. https://doi.org/10.1016/j.ijom.2008.11.004

593- Underwood, P. A., e Bean, P. A., e Whitelock, J. M. 1998. Inhibition of endothelial cell adhesion and proliferation by extracellular matrix from vascular smooth muscle cells: role of type V collagen. Atherosclerosis. 141(1): 141-152. https://doi.org/10.1016/S0021-9150(98)00164-6

594- Unsold, C., Pappano, W. N., Imamura, Y., Steiglitz, B. M., Greenspan, D. S. 2002. Processamento biossintético do heterotrímero de colagénio pro-$\alpha1(V)_2$ pro-$\alpha2(V)$ pela proteína morfogenética óssea-1 e proproteínas conversoras do tipo furina. Journal of Biological Chemistry. 277(7): 5596-5602. https://doi.org/10.1074/jbc.M110003200

595- Uzel, S. G. M., e Buehler, M. J. 2011. Estrutura molecular, comportamento mecânico e mecanismo de falha do domínio de ligação cruzada C-terminal no colagénio tipo I. Jornal do Comportamento Mecânico de Materiais Biomédicos. 4(2): 153-161. https://doi.org/10.1016/j.jmbbm.2010.07.003

596- Veidal, S. S., Larsen, D. V., Chen, X., Sun, S., Zheng, Q., Bay-Jensen, A.-C., Leeming, D. J., Nawrocki, A., Larsen, M. R., Schett, G., e Karsdal, M. A. 2012. A degradação do colagénio tipo V mediada por MMP (C5M) está elevada na espondilite anquilosante. Clinical Biochemistry. 45(7-8): 541-546. https://doi.org/10.1016/j.clinbiochem.2012.02.007

597- Verma, S. K., Yaghoobi, H., Slaine, P., Baldwin, S. J., Rainey, J. K., Kreplak, L., Frampton, J. P. 2022. O desenho de contacto com vários pinos permite a produção de substratos de fibra de colagénio anisotrópicos para o alinhamento de fibroblastos e monócitos. Colloids and Surfaces B: Biointerfaces. 215: 112525. https://doi.org/10.1016/j.colsurfb.2022.112525

598- Verrecchia, F., e Mauviel, A. 2004. TGF-β e TNF-α: citocinas antagônicas que controlam a expressão do gene do colágeno tipo I. Sinalização celular. 16(8): 873-880. https://doi.org/10.1016/j.cellsig.2004.02.007

599- Vidal, C. M. P., Zhu, W., Manohar, S., Aydin, B., keiderling, T. A., Messersmith, P. B., Bedran-Russo, A. K. 2016. Interações colagénio-colagénio mediadas por proantocianidinas derivadas de plantas: Um estudo espetroscópico e de microscopia de força atómica. Ata Biomaterialia. 41: 110-118. https://doi.org/10.1016/j.actbio.2016.05.026

600- Viglio, S., Zoppi, N., Sangalli, A., Gallanti, A., Barlati, S., Mottes, M., Colombi, M., e Valli, M. 2008. Rescue of migratory defects of Ehlers-Danlos syndrome fibroblasts in vitro by type V collagen but not insulin-like binding protein-1. Journal of Investigative Dermatology. 128(8): 1915-1919.https://doi.org/10.1038/jid.2008.33

601- Wang, L., Liang, Q., Wang, Z., Xu, J., Liu, Y., e Ma, H. 2014. Preparação e caraterização de colagénios do tipo I e V da pele do esturjão de Amur (*Acipenser schrenckii*). Food Chemistry. 148: 410-414. https://doi.org/10.1016/j.foodchem.2013.10.074

602- Wang, Y., Resnick, M. B., Lu, S., Hui, Y., Brodsky, A. S., Yang, D., Yakirevich, E. e Wang, L. 2016. Colágeno tipo III α1 como um marcador imunohistoquímico diagnóstico útil para lesões fibroepiteliais da mama. Patologia Humana. 57: 176-181. https://doi.org/10.1016/j.humpath.2016.07.017

603- Wang, W., Ji, Y., Yang, W., Zhang, C., Angwa, L., Jin, B., Liu, J., Lv, M., Ma, W., Yang, J., e Wang, K. 2020. Os inibidores de proteínas de apoptose (IAPs) estão associados à diminuição do colagénio II induzida pela toxina T-2 em condrócitos de rato in vitro. Toxicon. 176: 34-43. https://doi.org/10.1016/j.toxicon.2020.01.002

604- Wang, C., Brisson, B. K., Terajima, M., Li, Q., Hoxha, K., Han, B., Goldberg, A. M., Liu, X. S., Marcolongo, M. S., Enomoto-Iwamoto, M., Yamauchi, M., Volk, S. W., e Han, L. 2020. O colágeno tipo III é um regulador chave da estrutura fibrilar do colágeno e da biomecânica da cartilagem articular e do menisco. Matrix Biology. 85-86: 47-67. https://doi.org/10.1016/j.matbio.2019.10.001

605- Wang, Y., Zhang, L., Liao, W., Tong, Z., Yuan, F., Mao, L., Liu, J., Gao, Y. 2023. A auto-montagem responsiva à concentração, pH e temperatura do colagénio tipo II não desnaturado: Cinética, termodinâmica, nanoestrutura e mecanismo molecular. Food Hydrocolloids. 137: 108424. https://doi.org/10.1016/j.foodhyd.2022.108424

606- Watanabe, T., Yasue, A. e Tanaka, E. 2014. O fator induzível por hipóxia-1α é necessário para a expressão de colágeno tipo I induzida por fator de crescimento transformador-β1, periostina e actina de músculo liso α em células do ligamento periodontal humano. Arquivos de Biologia Oral. 59(6): 595-600. https://doi.org/10.1016/j.archoralbio.2014.03.003

607- Wei, Z., Rolle, M. W., e Camesano, T. A. 2022. Ligação de LL37 e do domínio de ligação ao colagénio mediada por LL37 com colagénio de tipo I: Quantificação via QCM-D. Colloids and Surfaces B: Biointerfaces. 220: 112852. https://doi.org/10.1016/j.colsurfb.2022.112852

608- Wenstrup, R. J., Florer, J. B., Brunskill, E. W., Bell, S. M., Chervoneva, I., e Birk, D. E. 2004. O colagénio tipo V controla o início da montagem da fibrila de colagénio. Journal of Biological Chemistry. 279(51): 53331-53337. https://doi.org/10.1074/jbc.M409622200

609- Wenstrup, R. J., Smith, S. M., Florer, J. B., Zhang, G., Beason, D. P., Seegmiller, R. E., Soslowsky, L. J., e Birk, D. E. 2011. A regulação da nucleação de fibrilas de colagem e da montagem inicial de fibrilas envolve interações coordenadas com os colagénios V e XI no desenvolvimento do tendão. Journal of Biological Chemistry. 286(23): 20455-20465. https://doi.org/10.1074/jbc.M111.223693

610- Wienen, F., Nilson, R., Allmendinger, E., Graumann, D., Fiedler, E., Bosse-Doenecke, E., Kochanek, S., Krutzke, L. 2023. Redireccionamento baseado em afilina de vectores adenovirais para o recetor do fator de crescimento epidérmico. Biomaterials Advances. 144: 213208. https://doi.org/10.1016/j.bioadv.2022.213208

611- Williams, K. E., e Olsen, D. R. 2009. Reconhecimento e ligação do local de clivagem da matriz metaloproteinase-1 no colagénio humano tipo III de comprimento total. Matrix Biology. 28(6): 373-379. https://doi.org/10.1016/j.matbio.2009.04.009

612- Wilson, A. V., Costigliolo, F., Farris, A. B., Rengen, R., e Arend, L. J. 2021. Glomerulopatia de colagénio tipo III. Relatórios internacionais da Kideny. 6(6): 1738-1742. https://doi.org/10.1016/j.ekir.2021.03.887

613- Wilson, S. E., Shiju, T. M., Sampaio, L. P., Hilgert, G. S. L. 2022. Modulação do feedback negativo do colagénio tipo IV dos fibroblastos da córnea pelo TGF beta: Um sistema modulador de fibrose provavelmente ativo em outros órgãos. Matrix Biology. 109, 162-172. https://doi.org/10.1016/j.matbio.2022.04.002

614- Wisniewski, D. J., Liyasoca, M. S., Korrapati, S., Zhang, X., Ratnayake, S., Chen, Q., Gilbert, S. F., Catalano, A., Voeller, D., Meerzaman, D., Guha, U., Porat-Shliom, N., Annunziata, C. M., e Lipkowitz, S. 2023. Flotillin-2 regula a ativação do recetor do fator de crescimento epidérmico, a degradação por ubiquitinação mediada por Cbl e o crescimento do cancro. Journal of Biological Chemistry. 299(1): 102766. https://doi.org/10.1016/j.jbc.2022.102766

615- Wong, R. W. C., e Guillaud, L. 2004. O papel do fator de crescimento epidérmico e dos seus receptores no SNC dos mamíferos. Cytokine and Growth Fator Reviews. 15(2-3): 147-156. https://doi.org/10.1016/j.cytogfr.2004.01.004

616- Wu, J.-J., Wei, M. A., Kim, L. S., e Eyre, D. R. 2010. Colagénio tipo III, um modificador da rede de fibrilhas na cartilagem articular. Journal of Biological Chemistry. 285(24): 18537-18544. https://doi.org/10.1074/jbc.M110.112904

617- Wu, J.F., Matsuo, N., Sumiyoshi, H., Yoshioka, H. 2010. Sp7/Osterix está envolvido na regulação positiva do gene do colagénio pro-α1(V) do rato (*Col5al*) em células osteoblásticas. Matirx Biology. 29(8): 701-706. https://doi.org/10.1016/j.matbi0.2010.09.002

618- Wu, Y.-F., Matsuo, N., Sumiyoshi, H., Yoshioka, H. 2010. Sp7/Osterix regula positivamente o gene do colagénio pró-α3(V) do rato (*Col5a3*) durante a diferenciação dos osteoblastos. Biochemical and Biophysical Research Communications. 394(3): 503-508. https://doi.org/10.1016/j.bbrc.2010.02.171

619- Wu, B., Cheng, K., Liu, M., Liu, J., Jiang, D., Ma, S., Yan, B., e Lu, Y. 2022. Construção de modelo hiperelástico do ligamento periodontal humano baseado na distribuição das fibras de colagénio. Journal of the Mechanical Behavior of Biomedical Materials (Jornal do Comportamento Mecânico de Materiais Biomédicos). 135: 105484. https://doi.org/10.1016/j.jmbbm.2022.105484

620- Xiao, J., Sun, X., Madhan, B., Brodsky, B., Baum, J. 2015. Estudos de RMN demonstram uma composição única de AAB e registo de cadeia para um péptido modelo de colagénio tipo IC heterotrimérico contendo um local de interrupção natural. O Jornal de Química Biológica. 290(40): 24201-24209. https://doi.org/10.1074/jbc.m115.654871

621- Xu, R., Zheng, L., Su, G., Luo, D., Lai, C., e Zhao, M. 2021. Solubilidade proteica, estrutura secundária e alterações da microestrutura em dois tipos de colagénio tipo II não desnaturado sob diferentes condições de digestão gastrointestinal. Food Chemistry. 343: 128555.https://doi.org/10.1016/j.foodchem.2020.128555

622- Yamaguchi, T., Kato, Y., Okuda, T., Rokushima, M., Izawa, T., Kuwamura, M., e Yamate, J. 2018. A visualização de células específicas produtoras de colagénio por ratinhos transgénicos Col1-GFP revelou novas células produtoras de colagénio tipo I que não os fibroblastos em órgãos/tecidos sistémicos. Biochemical and Biophysical Research Communications. 505(1): 267-273. https://doi.org/10.1016/j.bbrc.2018.09.082

623- Yamazaki, S., Su, Y., Maruyama, A., Makinoshima, H., Suzuki, J., Tsuboi, M., Goto, K., Ochiai, A., e Ishii, G. 2020. A captação de colágeno tipo I via macropinocitose causa ativação de mTOR e resistência a drogas anticâncer. Comunicações de Pesquisa Bioquímica e Biofísica. 526(1): 191-198. https://doi.org/10.1016/j.bbrc.2020.03.067

624- Yan, X., Hao, X., Nie, Q., Feng, C., Wang, H., Sun, Z., Niu, R., e Wang, J. 2015. Efeitos do flúor na ultraestrutura e expressão do colagénio tipo I em tecido duro de rato. Chemosphere. 128: 36-41. https://doi.org/10.1016/j.chemosphere.2014.12.090

625- Yan, Y., Du, C., Duan, X., Yao, X., Wan, J., Jiang, Z., Qin, Z., Li, W., Pan, L., Gu, Z., Wang, F., Wang, M., e Qin, Z. 2022. Inibição da produção de colagénio I e da colonização de células tumorais no pulmão através do carregamento de miR-29a-3p de nanovesículas à base de exossomas/lipossomas. Ata Pharmaceutical Sinica B. 12(2); 939-951. https://doi.org/10.1016/j.apsb.2021.08.011

626- Yang, C., Park, A. C., Davis, N. A., Russell, J. D., Kim, B., Brand, D. D., Lawrence, M. J., Ge, Y., Westphall, M. S., Coon, J. J., Greenspan, D. S. 2012. Mapeamento espetrométrico de massa abrangente dos resíduos de aminoácidos hidroxilados da cadeia de colágeno α1 (V). Jornal de Química Biológica. 287(48): 40598-40610. https://doi.org/10.1074/jbc.M112.406850

627- Yang, L., Wu, H., Lu, L., He, Q., Xi, B., Yu, H., Luo, R., Wang, Y., e Zhang, X. 2021. Um revestimento mimético de matriz extracelular (ECM) sob medida para stents cardiovasculares por montagem gradual de ácido hialurônico e colágeno humano tipo III recombinante. Biomaterials. 276: 121055. https://doi.org/10.1016/j.biomaterials.2021.121055

628- Yang, Y., Ritchie, A. C., e Everitt, N. M. 2021. Usando colágeno humano recombinante tipo III para construir uma série de andaimes altamente porosos para regeneração de tecidos. Colloids and Surfaces B: Biointerfaces. 208: 112139. https://doi.org/10.1016/j.colsurfb.2021.112139

629- Yang, M.-Y., Lin, Y.-J., Han, M.-M., Bi, Y.-Y., He, X.-Y., Xing, L., Jeong, J.-H., Zhou, T.-J., e Jiang, H.-L. 2022. Alvo de colagénio patológico e lioposomas penetrantes para a terapia da fibrose pulmonar idiopática. Journal of Controlled Release. 351: 623-637. https://doi.org/10.1016/j.jconrel.2022.09.054

630- Yano, H., Hamanaka, R., Nakamura, M., Sumiyoshi, H., Matsuo, N., e Yoshioka, H. 2012. A via Smad, mas não MAPK, medeia a expressão do colagénio tipo I na fibrose induzida por radiação. Comunicações de Investigação Bioquímica e Biofísica. 418(3): 457-463. https://doi.org/10.1016/j.bbrc.2012.01.039

631- Yao, L., e Flynn, N. 2018. As células condrogênicas derivadas de células-tronco da polpa dentária demonstram motilidade celular diferencial em hidrogéis de colágeno tipo I e tipo II. O Spine Journal 18 (6): 1070-1080. https://doi.org/10.1016/j.spinee.2018.02.007

632- Yaoi, Y., Hashimoto, K., Takahara, K., e Kato, I. 1991. A insulina liga-se ao colagénio de tipo V com retenção da atividade mitogénica. Experimental Cell Research. 194(2): 180-185. https://doi.org/10.1016/0014-4827(91)90351-T

633- Yasuda, T., Tchetina, E., Ohsawa, K., Roughley, P. K., Wu, W., Mousa, A., Ionescu, M., Pidoux, I., e Poole, A. R. 2006. Os péptidos de colagénio de tipo II podem induzir a clivagem de colagénio de tipo II e aggrecan na cartilagem articular. Matrix Biology. 25(7): 419-429. https://doi.org/10.1016/j.matbio.2006.06.004

634- Yasuda, T. 2012. A ativação da proteína quinase activada por mitogénio p38 é inibida pelo hialuronano através da molécula de adesão intercelular-1 em condrócitos articulares estimulados com péptido de colagénio de tipo II. Journal of Pharmacological Sciences. 118(1): 25-32. https://doi.org/10.1254/jphs.11044FP

635- Yen, C.-L., Li, Y.-J., Wu, H.-H., Weng, C.-H., Lee, C.-C., Chen, Y.-C., Chang, M.-Y., Yen, T.-H., Hsu, H.-H., Hung, C.-C., Yang, C.-W., e Tian, Y.-C. 2016. A estimulação do fator de crescimento transformador-beta-1 e o contacto com o colagénio de tipo I facilitam cooperativamente a transdiferenciação irreversível nas células tubulares proximais. Biomedical Journal. 39(1); 39-49. https://doi.org/10.1016/j.bj.2015.08.004

636- Yokota, T., McCourt, J., Ma, F., Ren, S., Li, S., Kim, T.-H., Kurmangaliyev, Y. Z., Nasiri, R., Ahadian, S., Nguyen, T., Tan, X. H. M., Zhou, Y., Wu, R., Rodriguez,

A., Cohn, W., Wang, Y., Whitelegge, J., Ryazantsev, S., e Deb, A. 2020. O colágeno tipo V no tecido cicatricial regula o tamanho da cicatriz após lesão cardíaca. Cell. 182(3): 545-562. https://doi.org/10.1016/j.cell.2020.06.030

637- Yu, Z., Visse, R., Inouye, M., Nagase, H., e Brodsky, B. 2012. Definição dos requisitos para a clivagem da colagenase no colagénio tipo III utilizando um sistema de colagénio bacteriano. Journal of Biological Chemistry. 287(27): 22988-22997. https://doi.org/10.1074/jbc.M112.348979

638- Yu, E.-M., Ma, L.-L., Ji, H., Li, Z.-F., Wang, G.-J., Xie, J., Yu, D.-G., Kaneko, G., Tian, J.-J., Zhang, K., e Gong, W.-B. 2019. Regulação dependente de Smad4 da expressão de colágeno tipo I no músculo da carpa capim alimentada com feijão faba. Gene. 68: 32-41. https://doi.org/10.1016/j.gene.2018.10.074

639- Yue, C., Ding, C., Su, J., e Cheng, B. 2022. Efeito dos iões de cobre e zinco na auto-montagem do colagénio tipo I. International Journal of Polymer Analysis and Characterization. https://doi.org/10.1080/1023666X.2022.2093569

640- Xiong, X., Ghosh, R., Hiller, E., Drepper, F., Knapp, B., Brunner, H., e Rupp, S. 2009. Um novo procedimento para a purificação rápida e de alto rendimento do colagénio de tipo I para a engenharia de tecidos. Process Biochemistry. 44(11): 1200-1212. https://doi.org/10.1016/j.procbio.2009.06.010

641- Xu, X., Wang, Z., e Zan, T. 2019. Um caso de síndrome de Ehlers-Danlos que se apresenta com cicatrizes atróficas alargadas na testa, cotovelo, joelho e área pré-tibial: Um relato de caso. Medicine (Baltimore). 98: e17138. https://doi.org/10.1097/md.0000000000017138

642- Xu, R., Zheng, L., Su, G., Zhao, M., Yang, Q., e Wang, J. 2022. As interações electrostáticas com polissacáridos aniónicos reduziram a degradação do colagénio tipo II não desnaturado solúvel em pepsina durante a digestão gástrica a pH 2,0. Food Hydrocolloids. 122: 107107. https://doi.org/10.1016/j.foodhyd.2021.107107

643- Yang, Y.-C., Lii, C.-K., Lin, A.-H., Yeh, Y.-W., Yao, H.-T., Li, C.-C., Liu, K.-L., e Chen, H.-W. 2011. A indução da síntese de glutationa e da heme oxigenase 1 pelos flavonóides buteína e floretina é mediada pela via ERk/Nrf2 e protege contra o stress oxidativo. Free Radical Biology and Medicine. 51(11): 2073-2081.

644- Yang, L., Palliyaguru, D. L., e Kensler, T. W. 2016. Quimioprevenção frugal: visando o Nrf2 com alimentos ricos em sulforafano. Seminários em Oncologia. 43(1): 146-153.

645- Yanagawa, Y., Yamamoto, Y., Hara, Y., e Shimamura, T. 2003. Um efeito combinado de galato de epigalocaterquina, um dos principais compostos das catequinas do chá verde, com antibióticos no crescimento de Helicobacter pylori in vitro. Curr Microbiol. 47: 244-249.

646- Yang, F., Wang, F., Liu, Y., Wang, S., Li, X., Huang, Y., Xia, Y. e Cao, C. 2018. O sulforafano induz a autofagia pela inibição da ativação de PTEN mediada por HDAC6 em células de câncer de mama triplo negativo. Ciências da Vida. 213: 149-157.

647- Yang, Y., Wang, Q., Lei, L., Li, F., Zhao, J., Zhang, Y., Li, L., Wang, Q., e Ming, J. 2020. Interação molecular da glicinina de soja e β-conglicinina com galato de (-)-epigalocatequina induzida por mudanças de pH. Food Hydrocolloids. DOI: 10.1016/j.foodhyd.2020.106010

648- Yasuda, S., Horinaka, M., e Sakai, T. 2009. Sulforaphane enhances apoptosis induced by *Lactobacillus pentosus* strain S-PT84 via TNFα pathway in human colon cancer cells. Oncology Letters. 18: 4253-4261.

649- Yetkin, N. A., Buyukoglan, H., Sonmez, M. F., Tutar, N., Gulmez, I., e Yilmaz, I. 2020. Os efeitos protetores da timoquinona nos danos pulmonares causados pela fumaça do cigarro. Biotechnic and Histochemistry. 95(4): 268-275.

650- Yi, T., Cho, S. G., Yi, Z., Pang, X., Rodriguez, M., Wang, Y., et al. 2008. A timoquinona inibe a angiogénese e o crescimento tumoral através da supressão das vias de sinalização da AKT e da quinase regulada por sinal extracelular. Mol Cancer Ther. 7: 1789-1796.

651- Yoda, Y., Hu, Z. Q., Zhao, W. H., e Shimamura, T. 2004. Diferentes susceptibilidades de *Staphylococcus* e bastonetes gram-negativos ao galato de epigalocatequina. J Infect Chemother. 10: 55-58.

652- Yu, S. M., e Kim, S. J. 2012. A timoquinona (TQ) regula a expressão da ciclooxigenase-2 e a produção de prostaglandina E2 através da via PI3kinase (PI3K)/p38 kinase em células de cancro da mama humano, MDA-MB-231. Animal Cells and Systems. 16(4): 274-279.

653- Zafar, S., Akhter, S., Ahmad, I., Hafeez, Z., Rizvi, M. M. A., Jain, K., e Ahmad, F. J. 2020. Eficácia quimioterapêutica melhorada contra células resistentes de cancro da mama humano com co-entrega de Docetaxel e Timoquinona por nanocápsulas lipídicas enxertadas com quitosano: Otimização da formulação, estudos in vitro e in vivo. Colloids and Surfaces B: Biointerfaces. 186: 110603.

654- Zan, L., Chen, Q., Zhang, L., e Li, X. 2019. O galato de epigalocatequina (EGCG) suprime o crescimento e a tumorigenicidade em células de cancro da mama através da regulação negativa do miR-25. Bioengenharia. 10(1): 374-382.

655- Zeinvand-Lorestani, H., Nili-Ahmadabadi, A., Balak, F., Hasanzadeh, G., e Sabzevari, O. 2018. Papel protetor da timoquinona contra a hepatotoxicidade induzida pelo paraquat em camundongos. Bioquímica e Fisiologia de Pesticidas. 148: 16-21.

656- Zeng, H., Trujillo, O. N., Moyer, M. P., e Botnen, H. 2011. O tratamento prolongado com sulforafano ativa a sinalização de sobrevivência em células do cólon NCM460 não tumorigénicas, mas a sinalização apoptótica em células do cólon HCT116 tumorigénicas. Nutrition and Cancer. 63(2): 248-255.

657- Zhang, Z. X., Li, Y. B. e Zhao, R. P. 2017. O galato de epigalocatequina atenua a geração de β-amiloide e o envolvimento do estresse oxidativo de PPARγ em células N2a / APP695. Neurochem Res. 42(2): 468-480.

658- Zhang, M., Du, H., Huang, Z., Zhang, P., Yue, Y., Wang, W., Liu, W., Zeng, J., Ma, J., Chen, G., Wang, X., e Fan, J. 2018. A timoquinona induz apoptose em células de câncer de bexiga via via mitocondrial dependente do estresse do retículo endoplasmático. Interações Químico-Biológicas. 292: 65-75.

659- Zhang, G., Yang, G., e Liu, J. 2019. A floretina atenua os défices comportamentais e a resposta neuroinflamatória na doença de Parkinson induzida por MPTP· s em ratos. Ciência da Vida. 232: 116600.

660- Zhang, W., Zhang, W., Sun, L., Xiang, L., Lai, X., Li, Q., e Sun, S. 2019. Os efeitos e mecanismos da epigalocatequização-3-galato na reversão da resistência a múltiplos fármacos no cancro. Tendências em Ciência e Tecnologia de Alimentos. 93: 221-233.

661- Zhang, M., Du, H., Wang, L., Yue, Y., Zhang, P., Huang, Z., Lv, W., Ma, J., Shao, Q., Ma, M., Liang, X., Yang, T, Wang, W., Zeng, J., Chen, G., Wang, X. e Fan, J. 2020. A timoquinona suprime a invasão e a metástase em células de câncer de bexiga, revertendo a EMT através da via de sinalização Wnt / β-catenina. Interações Químico-Biológicas. 320: 109022.

662- Zhao, F., Zhang, J. e Chang, N. 2018. A modificação epigenética do Nrf2 pelo sulforafano aumenta a capacidade antioxidante e anti-inflamatória em um modelo celular da doença de Alzheimer' s. Jornal Europeu de Farmacologia. 824: 1-10.

663- Zhen, M.-C., Wang, Q., Huang, X.-H., et al. 2007. O polifenol do chá verde epigalocatequina-3-galato inibe os danos oxidativos e os efeitos preventivos na fibrose hepática induzida pelo tetracloreto de carbono. Journal of Nutritional Biochemistry. 18(12): 795-805.

664- Zhu, S.-P., Liu, G., Wu, X.-T., Chen, F.-X., Liu, J.-Q., Zhou, Z.-H., Zhang, J.-F., e Fei, S.-J. 2013. O efeito da floretina em células γδT humanas matando células SW-1116 de câncer de cólon. Imunofarmacologia Internacional. 15(1); 6-14.

665- Zidan, A.-A. A., El-Ashmawy, N. E., Khedr, E. G., Ebeid, E.-Z. M., Salem, M. L., e Mosalam, E. M. 2018. O carregamento de doxorrubicina e timoquinona com nanofibras de gel F2 melhora a atividade antitumoral e melhora a nefrotoxicidade associada à doxorrubicina. Life Sciences. 207: 461-470.

666- Zaffiri, L., Shah, R. J., Stearman, R. S., Rothhaar, K., Emtiazjoo, A. M., Yoshimoto, M., Fisher, A. J., Mickler, E. A., Gartenhaus, M. D., Coorte, L. T. O. G., Diamond, J. M., Geraci, M. W., Christie, J. D. e Wilkes, D. S. 2019. O colágeno tipo V é um sinal de perigo associado à disfunção primária do enxerto no transplante de pulmão. Imunologia de transplante. 56: 101224. https://doi.org/10.1016/j.trim.2019.101224

667- Zeisberg, M., Ericksen, M. B., Hamano, Y., Neilson, E. G., Ziyadeh, F., Kalluri, R. 2002. Expressão diferencial de isoformas de colagénio do tipo IV em células endoteliais e mesangiais glomerulares de rato. Biochemical and Biophysical Research Communications. 295(2), 401-407. https://doi.org/10.1016/S0006-291X(02)00693-9

668- Zeng, Z. Z., Cohen, A. M., Guillem, J. G. 1999. A perda de colagénio tipo IV da membrana basal está associada ao aumento da expressão de metaloproteinase 2 e 9 (MMP-2 e MMP-9) durante a tumorigénese colorrectal humana. Carcinogenesis. 20: 749-755. https://doi.org/10.1093/carcin/20.5.749

669- Zhang, Q., Wang, P.-C., e Murasawa, Y. 2009. O papel do colagénio tipo V no rim patológico. Journal of Bioscience and Bioengineering. 108(1): S10-S11. https://doi.org/10.1016/j.jbiosc.2009.08.039

670- Zhang, K., Li, J. A., Deng, K., Liu, T., Chen, J. Y., Huang, N. 2013. A endotelização e a hemocompatibilidade da multicamada funcional na superfície de titânio construída com colágeno tipo IV e heparina. Colloids Surf B. 138: 295-304. https://doi.org/10.1016/j.colsurfb.2012.12.053

671- Zhang, J., Jeevithan, E., Bao, B., Wang, S., Gao, K., Zhang, C., e Wu, W. 2016. Caracterização estrutural, avaliação da toxicidade sistémica aguda in-vivo e propriedades de absorção intestinal in-vitro do ácido da pele de tilápia (*Oreochromis niloticus*) e do colagénio tipo I solubilizado com pepsina. Process Biochemistry. 51(12): 2017-2025. https://doi.org/10.1016/j.procbio.2016.08.009

672- Zhang, X., Chen, Y.-R., Zhao, Y.-L., Liu, W.-W., Hayashi, T., Mizuno, K., Hattori, S., Fujisaki, H., Ogura, T., Onodera, S., e Ikejima, T. 2019. O colágeno tipo I ou a gelatina estimulam os macrófagos peritoneais de camundongos a agregar e produzir moléculas pró-inflamatórias através de níveis aumentados de ROS. Imunofarmacologia Internacional. 76: 105845. https://doi.org/10.1016/j.intimp.2019.105845

673- Zhang, M., Zhao, D., Zhu, S., Nian, Y., Xu, X., Zhou, G., e Li, C. 2020. O sobreaquecimento induziu alterações estruturais do colagénio de tipo I e prejudicou a digestibilidade das proteínas. Food Research International. 134: 109225. https://doi.org/10.1016/j.foodres.2020.109225

674- Zhang, H., Chen, X., Xue, P., Ma, X., Li, J., Zhang, J. 2021. FN1 promove a diferenciação de condrócitos e a produção de colágeno via via TGF-β / PI3K / Akt em camundongos com fratura femoral. Gene. 769: 145253. https://doi.org/10.1016/j.gene.2020.145253

675- Zhang, Y., Li, Y., Liu, X., Wang, Y., Tang, H., Qu, L., Shang, Y., e Chen, W. 2022. Avaliação quantitativa da degradação do colagénio em couro arqueológico por RMN de estado sólido. Journal of Cultural Heritage. 58: 179-185. https://doi.org/10.1016/j.culher.2022.10.005

676- Zhao, G.-M., Zhang, G.-Y., Bai, X.-Y., Yin, F., Ru, A., Yu, X.-L., Zhao, L.-J., e Zhu, C.-Z. 2022. Efeitos da regulação assistida por NaCl nas propriedades emulsionantes do colagénio tipo I induzido pelo calor. Food Research International. 159: 111599. https://doi.org/10.1016/j.foodres.2022.111599

677- Zhao, Y., Bai, L., Yao, R., Sun, Y., Hang, R., Chen, X., Wang, H., Yao, X., Xiao, Y., e Hang, R. 2022. A rede nanoporosa decorada com colagénio tipo I na superfície do implante de titânio promove a osseointegração através da mediação da imunomodulação, angiogénese e osteogénese. Biomaterials. 288: 121684. https://doi.org/10.1016/j.biomaterials.2022.121684

678- Zhao, Y., Lu, K., Piao, X., Song, Y., Wang, L., Zhou, R., Gao, P., Khong, H. Y. 2023. Colagénios para fortificação de surimi gen: Efeitos dependentes do tipo e a diferença entre o tipo I e o tipo II. Food Chemistry. 407: 1355157. https://doi.org/10.1016/j.foodchem.2022.135157

679- Zhou, R., Wang, C., Wen, C., Wang, D. 2017. miR-21 promove a produção de colagénio em queloide via Smad7. Burns. 43(3): 555-561. https://doi.org/10.1016/j.burns.2016.09.013

680- Zhou, B., Tu, T., Gao, Z., Wu, X., Wang, W., e Liu, W. 2021. Montagem de fibrilas de colágeno prejudicada em quelóides com expressão aumentada de lumican e colágeno V. Archives of Biochemistry and Biophysics. 697: 108676. https://doi.org/10.1016/j.abb.2020.108676

681- Zhou, X., Cheng, X., Xing, D., Ge, Q., Li, Y., Luan, X., Gu, N., e Qian, Y. 2021. Quelação de íons Ca, incorporação de colágeno I e arquitetura eletrospun 3D biônica PLGA / PCL para aumentar a diferenciação osteogênica. Materiais e Design. 198: 109300. https://doi.org/10.1016/j.matdes.2020.109300

682- Zhu, J., Cole, F., Woo-Rasberry, V., Fang, X. R., e Chiang, T. M. 2007. Interação colagénio-plaquetas de tipo I e tipo III: Inibição por péptidos receptores específicos do tipo. Thrombosis Research. 119(1): 111-119. https://doi.org/10.1016/j.thromres.2005.11.012

683- Zhu, L., Li, J., Wang, Y., Sun, X., Li, B., Poungchawanwong, S., e Hou, H. 2020. Caraterísticas estruturais e propriedades de auto-montagem de colágenos tipo II das cartilagens de skate e esturjão. Química Alimentar. 331: 127340. https://doi.org/10.1016/j.foodchem.2020.127340

684- Ziats, N. P., e Anderson, J. M. 1993. Ligação das células endoteliais vasculares humanas e inibição do crescimento pelo colagénio tipo V. Journal of Vascular Survey. 17(4): 710-718. https://doi.org/10.1016/0741-5214(93)90115-3

ÍNDICE DE CONTEÚDOS

Printed by Books on Demand GmbH, Norderstedt / Germany